Envases y Residuos de Envases

ICB Editores (Interconsulting Bureau S.L.)
C/ Flauta Mágica, 1 local 1B
P.I. Alameda 29006 – Málaga. España
Tfno: (+34) 952 28 87 67
info@icbeditores.com
www.icbeditores.com

Envases y Residuos de Envases

Coordinadora de la obra: Mª Dolores Pérez Rodríguez
Licenciada en Pedagogía por la Universidad de Málaga

1ª edición, 09/2024

ISBN: 978-84-10261-92-1

Impreso en España - *Printed in Spain*

Código: MAIC005152

C.20230330104138 - M.20240924103839

ÍNDICE

ICB
EDITORES

MÓDULO

1. Fundamentos del Marco Legal sobre Envases

Contenido del Módulo

ICB
EDITORES

UNIDAD

1.1. Introducción al Marco Legal

Contenido de la Unidad

- Marco Legal
- Objetivo de la Norma
- Definiciones
- Resumen

ICB
EDITORES

la Directiva 94/62/CE de Envases y Residuos de Envases, la Ley 11/1997 de España sobre Envases y Residuos de Envases, la Ley 22/2011 de Residuos y Suelos Contaminados, y la Directiva 2008/98/CE de Residuos, constituyen la base y preceden toda la normativa europea en materia de envases y gestión de residuos. Estas normativas establecen un marco integral que aborda desde la minimización de la producción de residuos hasta su recogida, tratamiento y reciclaje, promoviendo prácticas sostenibles y la responsabilidad compartida entre productores, consumidores y gestores de residuos.

La Directiva 94/62/CE estableció por primera vez los fundamentos para la gestión de envases y residuos de envases en la UE, enfocándose en la reducción de su impacto ambiental. La Ley 11/1997 transpuso estos principios al ordenamiento jurídico español, adaptando los objetivos y requerimientos de la Directiva a nivel nacional. Posteriormente, la Ley 22/2011 amplió el alcance legislativo al introducir un marco más amplio para la gestión de todos los residuos y la recuperación de suelos contaminados en España, alineándose con los principios de la Directiva 2008/98/CE, que actualizó y consolidó el marco legal europeo en materia de residuos, introduciendo conceptos clave como la jerarquía de residuos y la responsabilidad ampliada del productor.

Estas normativas, en su conjunto, han sentado las bases para el desarrollo de una política de gestión de residuos y envases más sostenible y eficiente en la Unión Europea, promoviendo la transición hacia una economía circular y la protección del medio ambiente.

La Directiva 94/62/CE, conocida como la Directiva de Envases y Residuos de Envases, es una normativa de la Unión Europea promulgada el 20 de diciembre de 1994. Su principal objetivo es armonizar las medidas nacionales concernientes a la gestión de envases y residuos de envases, reduciendo así su impacto en el medio ambiente. Esta directiva establece requisitos esenciales para la fabricación, composición y gestión de los envases, promoviendo la reducción de su volumen y peligrosidad, la reutilización, el reciclaje y otras formas de valorización.

Uno de los principios fundamentales de la Directiva es el de "quien contamina paga", buscando que los productores y consumidores de envases asuman parte de la responsabilidad de su ciclo de vida. Con el fin de fomentar una economía circular, la Directiva establece metas concretas de reciclaje y recuperación, y alienta a los Estados miembros a implementar sistemas de retorno, devolución y depósito.

A través de los años, esta Directiva ha sido objeto de varias revisiones y actualizaciones para adaptarse a los nuevos desafíos y avances tecnológicos en la gestión de residuos. Es un pilar fundamental de la política ambiental de la UE, y ha sentado las bases para iniciativas más recientes que buscan un futuro más sostenible y libre de residuos.

La Ley 11/1997, de 24 de abril, de Envases y Residuos de Envases, es una normativa española que transpone al ordenamiento jurídico español las disposiciones de la Directiva 94/62/CE del Parlamento Europeo y del Consejo, relativa a los envases y residuos de envases. Su principal objetivo es reducir el impacto ambiental de los envases y los residuos de envases a través de la prevención de la generación de residuos, la reutilización de los envases, el reciclado y otras formas de valorización, buscando así minimizar la eliminación final de residuos.

Esta ley establece un marco para la gestión y coordinación entre las distintas administraciones públicas en España, fomentando la responsabilidad compartida entre productores, distribuidores y consumidores en la gestión de los envases y sus residuos. La normativa promueve la minimización de la cantidad y la peligrosidad de los materiales utilizados en los envases, y establece sistemas de retorno, depósito y retorno de envases para facilitar su reutilización y reciclaje.

Además, la Ley 11/1997 introduce el principio de responsabilidad ampliada del productor, obligando a los agentes económicos a asumir los costes de la recogida selectiva, la recuperación y el reciclaje de los envases y residuos de envases. También establece la obligación de alcanzar unos objetivos mínimos de reciclado y valorización de los residuos de envases, alineados con las metas establecidas en la Directiva europea.

La Directiva 2008/98/CE sobre residuos, también conocida como Directiva Marco de Residuos, es una normativa fundamental de la Unión Europea promulgada el 19 de noviembre de 2008. Su objetivo principal es establecer un marco legal para el tratamiento de los residuos dentro de la UE, promoviendo la prevención, la reutilización, el reciclado y otras formas de valorización de los residuos, con el fin último de reducir la cantidad de residuos destinados a la eliminación y minimizar el impacto ambiental de los residuos.

Esta Directiva introduce y consolida varios principios y conceptos clave en la gestión de residuos, como son:

- Jerarquía de residuos: Establece una prioridad en la gestión de residuos que comienza con la prevención, seguida de la preparación para la reutilización, el reciclaje, otras formas de recuperación (por ejemplo, la recuperación energética) y, como última opción, la eliminación, incluyendo el vertido en vertederos.
- Responsabilidad ampliada del productor: Fomenta que los productores de bienes asuman una mayor responsabilidad en el ciclo de vida de sus productos, especialmente en lo que respecta a la recogida y tratamiento de los residuos generados.
- Prevención de residuos: Promueve medidas que reduzcan la cantidad y la peligrosidad de los residuos generados, incluyendo la producción y el consumo sostenibles.
- Planes de gestión de residuos y programas de prevención: Obliga a los Estados miembros a elaborar y ejecutar planes de gestión de residuos y programas de prevención de residuos que reflejen las prioridades de la jerarquía de residuos.

La Directiva también incluye disposiciones para mejorar la eficiencia de los recursos y fomentar la transición hacia una economía circular, donde el valor de los productos, materiales y recursos se mantenga en la economía durante el mayor tiempo posible, y la generación de residuos se minimice.

La Ley 22/2011, de 28 de julio, de Residuos y Suelos Contaminados, es una normativa española que actualiza y amplía el marco legal anterior en materia de residuos, adaptándolo a los cambios introducidos por la Directiva 2008/98/CE del Parlamento Europeo y del Consejo, sobre los residuos. Esta ley tiene como principal objetivo promover la prevención de la generación de residuos, el reciclaje y la valorización, para reducir al mínimo la disposición final de residuos, contribuyendo de esta manera a la protección del medio ambiente y al uso eficiente de los recursos.

La Ley establece la jerarquía de gestión de residuos, priorizando la prevención, la preparación para la reutilización, el reciclaje y otras formas de valorización, dejando el vertido y la incineración como últimas opciones. Además, introduce el concepto de "responsabilidad ampliada del productor", obligando a los productores de productos que se convierten en residuos a asumir una parte de la responsabilidad en su gestión.

Otro aspecto relevante de la Ley 22/2011 es que establece un régimen jurídico para la gestión de suelos contaminados, definiendo los procedimientos para la declaración de suelos contaminados y las medidas para su recuperación. Esto garantiza una adecuada protección del suelo y aguas subterráneas, previniendo los riesgos para la salud humana y el medio ambiente.

La ley también promueve la elaboración de planes de gestión de residuos a nivel estatal, autonómico y local, y establece un sistema de información sobre residuos que permite un mejor seguimiento y control de los flujos de residuos.

En conjunto, la Ley 22/2011 representa un marco legal integral para la gestión de residuos y suelos contaminados en España, alineándose con los principios de la economía circular y el desarrollo sostenible.

La Directiva 2018/852 del Parlamento Europeo y del Consejo, de 30 de mayo de 2018, es una enmienda a la Directiva 94/62/CE sobre envases y residuos de envases. Esta actualización refleja el compromiso continuo de la Unión Europea con la mejora de la sostenibilidad ambiental y la promoción de una economía circular. La Directiva 2018/852 busca fortalecer las medidas existentes y establecer objetivos más ambiciosos para la reducción, reutilización, reciclaje y recuperación de envases y residuos de envases.

Los principales objetivos de la Directiva 2018/852 incluyen:

- Incrementar los objetivos de reciclaje: Establece objetivos de reciclaje más elevados para todos los tipos de materiales de envase, incluidos plásticos, madera, metales, vidrio y papel, con metas específicas a alcanzar para los años 2025 y 2030.

- Promover la economía circular: Fomenta el diseño y producción de envases que sean eficientes en el uso de recursos, fáciles de reutilizar y reciclar, y que minimicen su impacto ambiental a lo largo de su ciclo de vida.
- Mejorar la trazabilidad y la responsabilidad: Refuerza la responsabilidad ampliada del productor, exigiendo a los productores de envases que contribuyan más directamente a los costes de gestión de residuos y que proporcionen información clara sobre la reciclabilidad de sus envases.
- Estimular la innovación: Alienta el desarrollo y la adopción de tecnologías innovadoras y prácticas sostenibles en la producción, recolección y tratamiento de envases y residuos de envases.

La Directiva 2018/852 es un paso significativo hacia un enfoque más integrado y sostenible en la gestión de envases y residuos de envases en la UE, alineándose con los principios de la economía circular y la protección del medio ambiente. Su implementación busca no solo mejorar la eficiencia en el manejo de los residuos de envases, sino también impulsar la innovación y la sostenibilidad en toda la cadena de valor de los envases.

El Real Decreto 1055/2022 introduce varias novedades significativas en el ámbito de los envases y residuos de envases con el objetivo de reducir su impacto ambiental. Entre los aspectos destacados se incluyen objetivos orientados a la prevención de la generación de residuos y la promoción de la reutilización y reciclaje de envases. Un enfoque notable es el impulso a la venta a granel, especialmente para frutas y verduras en comercios minoristas, con el fin de reducir los envases innecesarios. También se promueve el uso de envases reutilizables en el sector de bebidas, tanto en el ámbito doméstico como en el de la hostelería y la restauración, estableciendo objetivos concretos para la disponibilidad de referencias de bebidas en envases reutilizables en puntos de venta.

Además, se enfatiza en la responsabilidad ampliada del productor, ampliando sus obligaciones financieras y organizativas para incluir envases comerciales e industriales. Esto conlleva adaptaciones para los sistemas colectivos de responsabilidad ampliada del productor, modulando las contribuciones financieras de los productores en función de varios factores, como la facilidad de reutilización y reciclaje de los envases, y la cantidad de materiales reciclados contenidos.

Por último, el Real Decreto fomenta la utilización de materiales reciclados en la fabricación de nuevos envases, estableciendo porcentajes de contenido en plástico reciclado a alcanzar para 2025 y 2030, aunque no son obligatorios para todos los envases. Además, se introducen obligaciones de marcado en los envases para facilitar su correcta separación y reciclaje por parte de los consumidores, prohibiendo el uso de términos que puedan inducir al abandono de residuos en el entorno.

La Directiva 2018/851 del Parlamento Europeo y del Consejo, aprobada el 30 de mayo de 2018, tiene como objetivo principal la mejora y transformación de la gestión de residuos en la Unión Europea hacia una gestión más sostenible de los recursos. Esto se enfoca en proteger el medio ambiente, asegurar un uso eficiente de los recursos naturales, y fomentar los principios de la economía circular, así como aumentar la eficiencia energética y mejorar el uso de energías renovables. La Directiva modifica la Directiva 2008/98/CE sobre los residuos y busca contribuir a la competitividad a largo plazo de la UE, reduciendo la dependencia de las importaciones de materias primas y facilitando la transición hacia una economía más sostenible y circular.

La Directiva establece una jerarquía en la gestión de residuos, priorizando la prevención, la reutilización, el reciclaje y otras formas de recuperación antes de la eliminación. Incluye disposiciones específicas para la recogida separada de diferentes flujos de residuos para facilitar el reciclaje de alta calidad y establece objetivos vinculantes para alcanzar tasas de reutilización y reciclaje para varios tipos de residuos. Además, la Directiva introduce responsabilidades ampliadas para los productores, lo que implica que deben desempeñar un papel clave en la financiación de la recogida y gestión de ciertos flujos de residuos.

La Ley 7/2022, de 8 de abril, de residuos y suelos contaminados para una economía circular, es una normativa española que busca una gestión más sostenible de los residuos y la prevención de la contaminación del suelo. Esta ley trae consigo una serie de novedades importantes:

- Transposición de directivas europeas: Incorpora al ordenamiento jurídico español las disposiciones de la Directiva (UE) 2018/851 y la Directiva (UE) 2019/904, con el objetivo de avanzar en la economía circular y reducir el impacto de los plásticos en el medio ambiente.
- Jerarquía de residuos: Establece un principio de jerarquía que prioriza la prevención de la generación de residuos, su reutilización, reciclaje y otras formas de valorización antes de su eliminación.
- Medidas contra los plásticos de un solo uso: Incluye restricciones y prohibiciones para reducir el uso de plásticos de un solo uso, fomentando alternativas reutilizables o de otros materiales.
- Prevención de residuos: La ley pone un énfasis especial en la prevención de residuos, estableciendo medidas para reducir la cantidad y peligrosidad de los residuos generados en distintos sectores.
- Responsabilidad ampliada del productor: Amplía las obligaciones de los productores en la gestión de residuos, promoviendo que asuman una mayor responsabilidad en la reducción, reutilización y reciclaje de los residuos generados por sus productos.
- Promoción de la economía circular: Fomenta la incorporación de subproductos y la reducción de la generación de residuos no reciclables, promoviendo modelos de producción y consumo sostenibles.
- Gestión de residuos: Establece directrices claras para la clasificación y gestión adecuada de los residuos, promoviendo la responsabilidad compartida y la trazabilidad en la cadena de gestión.

Esta ley representa un avance significativo en la legislación ambiental española, alineándola con los objetivos de desarrollo sostenible y las políticas de la Unión Europea en materia de economía circular y gestión de residuos.

La Directiva 2019/904 de la UE, también conocida como la Directiva sobre plásticos de un solo uso, tiene como objetivo principal reducir el impacto negativo que ciertos productos de plástico de un solo uso y los residuos plásticos generados por las artes de pesca tienen sobre el medio ambiente y la salud humana. Entre las medidas clave de la Directiva se incluyen restricciones en la introducción al mercado de productos de plástico específicos, requisitos de marcado para ciertos productos para informar a los consumidores sobre la gestión adecuada de los residuos y el impacto ambiental de una eliminación incorrecta, y la implementación de regímenes de responsabilidad ampliada del productor para garantizar que los costes de gestión de residuos y limpieza sean cubiertos por los productores de estos productos.

En relación con los requisitos de marcado, la Directiva establece que ciertos productos, como compresas, tampones, toallitas húmedas, y productos relacionados con el tabaco, deben llevar marcados claros que informen a los consumidores sobre las opciones adecuadas de gestión de residuos y los impactos negativos de la eliminación inadecuada. Además, los Estados miembros deben adoptar medidas para asegurar una recogida separada y el reciclaje de botellas para bebidas de hasta tres litros, excluyendo ciertos tipos de botellas.

Los regímenes de responsabilidad ampliada del productor establecidos por la Directiva exigen a los productores financiar actividades como la recogida separada, el tratamiento e información al usuario, campañas de sensibilización y la limpieza de residuos dispersos en espacios públicos, entre otros. Estas obligaciones varían según el tipo de producto y tienen como objetivo fomentar un consumo responsable y reducir el abandono de basura.

La Directiva ha sido transpuesta al ordenamiento jurídico español a través de la Ley 7/2022, de 8 de abril, de residuos y suelos contaminados para una economía circular, que entrará en vigor el 1 de julio de 2021. Esta ley no solo transpone la Directiva 2019/904, sino también la Directiva 2018/851 sobre residuos, y establece un nuevo impuesto para gravar los envases de plástico no reutilizables.

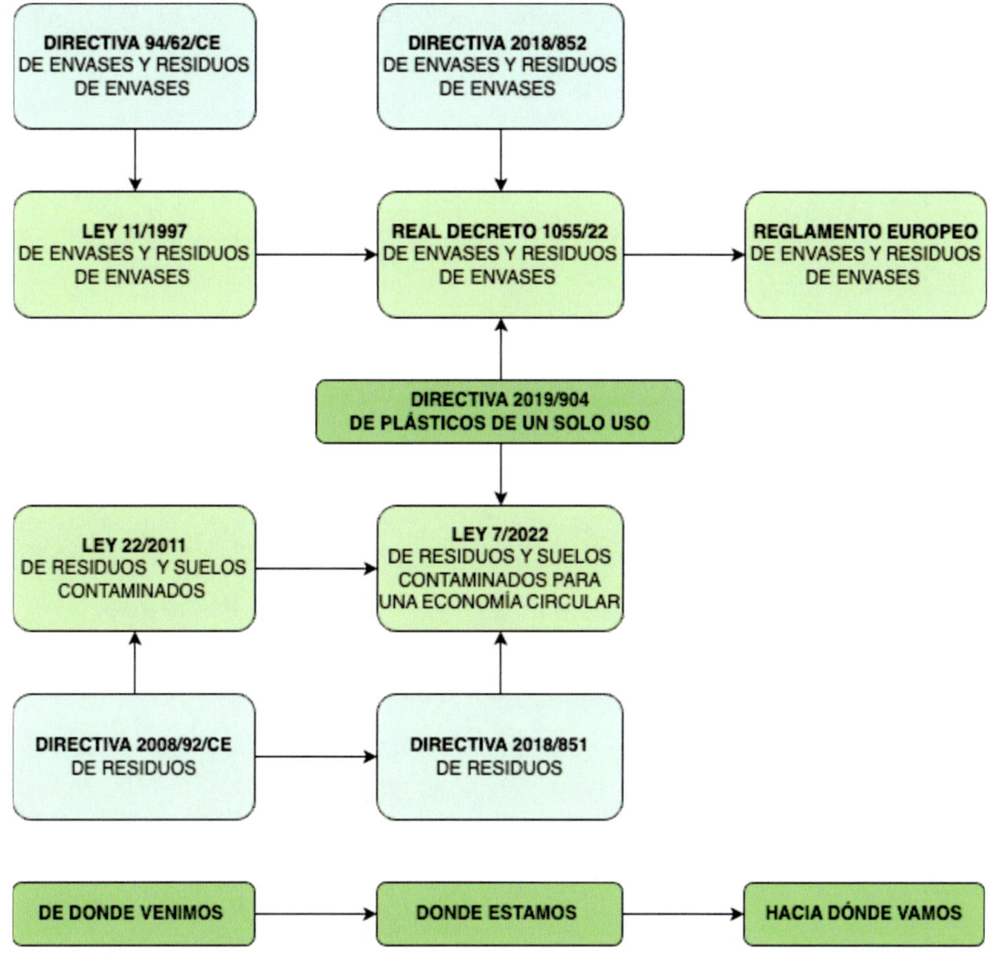

2. Objetivo de la Norma

"**Artículo 1. Objeto y finalidad.**

1. Este real decreto tiene por objeto establecer el régimen jurídico aplicable a los envases y residuos de envases con el objetivo de prevenir y reducir su impacto en el medio ambiente a lo largo de todo su ciclo de vida.

2. A tal fin, se establecen medidas destinadas, como primera prioridad, a la prevención de la producción de residuos de envases y, atendiendo a otros principios fundamentales, a la reutilización de envases, al reciclado y otras formas de valorización de residuos de envases y, por tanto, a la

reducción de la eliminación final de dichos residuos, incluido la presencia de residuos de envases en la basura dispersa, con el objeto de contribuir a la transición hacia una economía circular."

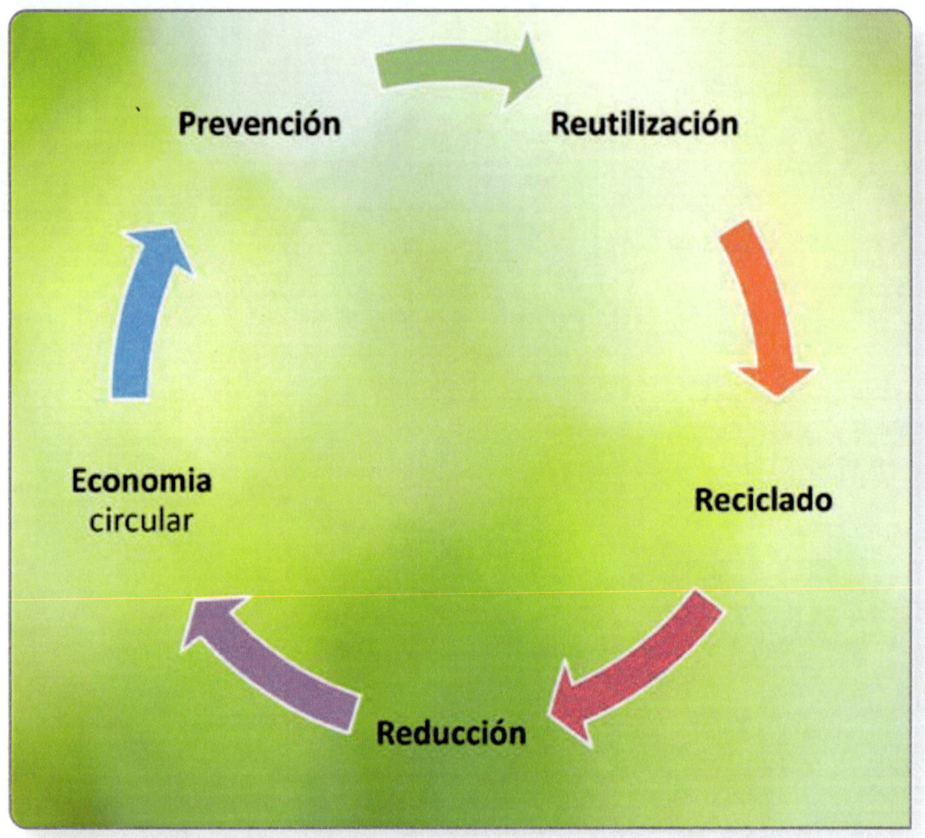

"**Artículo 3. Ámbito de aplicación.**

Quedan dentro del ámbito de aplicación de este real decreto todos los envases puestos en el mercado y residuos de envases generados en el territorio del Estado, independientemente de que se usen o produzcan en la industria, comercio, oficinas, establecimientos comerciales, servicios, hogares, o en cualquier otro sitio, sean cuales fueren los materiales utilizados.

Lo establecido en este real decreto se aplicará sin perjuicio de las disposiciones de carácter especial tales como las referentes a seguridad, protección de la salud e higiene de los productos envasados, medicamentos, requisitos de transporte y residuos peligrosos, entre otros."

Este artículo , refleja una perspectiva integral en la gestión de envases y residuos de envases, al aplicar sus disposiciones a todos los envases comercializados y los residuos generados en todo el territorio nacional. Esto subraya un enfoque inclusivo, abarcando envases utilizados en una amplia gama de contextos, desde la industria hasta los hogares, sin limitarse a tipos específicos de materiales.

La cláusula de no perjuicio es especialmente significativa, ya que asegura que la regulación de los envases y sus residuos no socave otras normativas esenciales relativas a la seguridad, la salud, y la higiene, entre otros aspectos críticos. Esto garantiza un equilibrio entre la gestión ambiental de los envases y la protección de otros intereses públicos importantes, como la seguridad de los productos y el transporte, así como la gestión adecuada de los residuos peligrosos.

En conjunto, esta disposición refleja un esfuerzo por armonizar los objetivos ambientales con otros requisitos regulatorios, promoviendo una gestión de residuos que sea ambientalmente responsable sin comprometer otras normativas esenciales.

3. DEFINICIONES

El articulo 2 ofrece un detallado panorama sobre la definición y gestión de envases y residuos de envases dentro del marco legal específico, probablemente de un real decreto español. Este marco abarca una amplia gama de actores y elementos involucrados en el ciclo de vida de los envases, desde su producción hasta su disposición final como residuo, y establece principios fundamentales para su gestión ambientalmente responsable.

Los "agentes económicos" mencionados constituyen todos los participantes en el ciclo de vida de los envases, incluyendo fabricantes, importadores, distribuidores, envasadores, consumidores y gestores de residuos, así como las administraciones públicas. Esta inclusión amplia asegura que todas las partes involucradas en la producción, distribución, uso y gestión de envases y residuos de envases estén sujetas a las regulaciones establecidas.

La "comercialización" se define como cualquier forma de distribución de productos al mercado español, independientemente de si la transacción es remunerada o gratuita, lo que amplía el alcance de la normativa a prácticamente todos los productos puestos a disposición en el mercado.

El término "ecodiseño" es particularmente importante, ya que subraya la necesidad de considerar criterios ambientales en el diseño de envases, como la minimización de su peso y volumen, el uso de materiales menos peligrosos, la mejora de la reciclabilidad y la incorporación de materiales reciclados. Esto refleja un enfoque proactivo para reducir el impacto ambiental de los envases desde la etapa de diseño.

El concepto de "envase" se define de manera extensa para incluir cualquier artículo utilizado para contener y proteger productos, con diversas categorías como envases de venta, colectivos y de transporte, destacando la importancia de una definición inclusiva que abarque todos los tipos posibles de envases.

Finalmente, se introduce el concepto de "envase reutilizable", promoviendo la economía circular al incentivar el uso de envases que pueden ser reutilizados múltiples veces, reduciendo así la generación de residuos.

Este marco legal establece una base sólida para la gestión sostenible de envases y residuos de envases, promoviendo prácticas que minimizan su impacto ambiental y fomentan la responsabilidad tanto de los productores como de los consumidores en el proceso.

Artículo 2. Definiciones.

A efectos de lo dispuesto en este real decreto, se entenderá por:

a) **Agentes económicos:**

- ⇨ **Los fabricantes e importadores**, o adquirientes en otros Estados miembros de la Unión Europea, de materias primas para la fabricación de envases.
- ⇨ **Los fabricantes de envases**, las empresas transformadoras, y los comerciantes o distribuidores de envases.
- ⇨ **Los envasadores**, los importadores o adquirientes en otros Estados miembros de la Unión Europea de productos envasados, y los comerciantes o distribuidores de productos envasados.
- ⇨ **Los gestores de residuos de envases.**
- ⇨ **Los consumidores y usuarios.**
- ⇨ **Las administraciones públicas** señaladas en el artículo 2.3 de la Ley 40/2015, de 1 de octubre, de Régimen Jurídico del Sector Público.

b) **Comercialización:**

Todo suministro, remunerado o gratuito, de un producto para su distribución, consumo o utilización en el mercado español en el transcurso de una actividad comercial.

c) Comerciantes o distribuidores:

Los agentes económicos dedicados a la distribución, mayorista o minorista, de envases o de productos envasados.

A su vez dentro del concepto de comerciantes, se distingue entre:

- ⇨ 1.º Comerciantes o distribuidores de envases: los que realicen transacciones con envases vacíos.

⇨ 2.º Comerciantes o distribuidores de productos envasados: los que comercialicen mercancías envasadas, en cualquiera de las fases de comercialización de los productos.

d) Ecodiseño:

El diseño del envase teniendo en cuenta criterios ambientales como, entre otros, la reducción en peso o volumen, la sustitución de materiales o sustancias peligrosas por otros menos peligrosos, la mejora de sus características de cara a su reutilización, el incremento de la reciclabilidad de los envases cuando se conviertan en residuos y el mayor o mejor uso de materiales obtenidos a partir del reciclado de residuos de envases.

e) Envasadores:

Los agentes económicos dedicados al envasado de productos para su puesta en el mercado.

⇨ En el caso de los envases de servicio, se considerará envasador al titular del comercio que suministre o entregue dichos envases al consumidor o usuario final.

⇨ En el caso de los envases empleados en las ventas a distancia, tendrá la consideración de envasador el titular del comercio responsable de la venta, respecto de esos envases.

f) Envase:

"Todo producto fabricado con materiales de cualquier naturaleza y que se utilice para contener, proteger, manipular, distribuir y presentar mercancías, desde materias primas hasta artículos acabados, en cualquier fase de la cadena de fabricación, distribución y consumo. Se considerarán también envases todos los artículos desechables utilizados con este mismo fin."

Dentro de este concepto se incluyen los envases de venta o primarios, los envases colectivos o secundarios y los envases de transporte o terciarios.

Se considerarán envases los artículos que se ajusten a la definición mencionada anteriormente sin perjuicio de otras funciones que el envase también pueda desempeñar, salvo que el artículo forme parte integrante de un producto y sea necesario para contener, sustentar o preservar dicho producto durante toda su vida útil, y todos sus elementos estén destinados a ser usados, consumidos o eliminados conjuntamente.

También se considerarán envases los artículos diseñados y destinados a ser llenados en el punto de venta y los artículos desechables vendidos llenos o diseñados y destinados al llenado en el punto de venta, a condición de que desempeñen la función de envase.

Los elementos del envase y elementos auxiliares integrados en él se considerarán parte del envase al que van unidos; los elementos auxiliares directamente colgados del producto o atados a él y que desempeñen la función de envase se considerarán envases, salvo que formen parte integrante del producto y todos sus elementos estén destinados a ser consumidos o eliminados conjuntamente.

Ejemplos ilustrativos de la interpretación de la definición de envase

g) **Envase colectivo o envase secundario:** Todo envase diseñado para constituir en el punto de venta una agrupación de un número determinado de unidades de venta, tanto si va a ser vendido como tal al usuario o consumidor final, como si se utiliza únicamente como medio de reaprovisionar los anaqueles en el citado punto, pudiendo ser separado del producto sin afectar a las características del mismo.

h) **Envase comercial:** envase que, sin tener la consideración de doméstico, está destinado al uso y consumo propio del ejercicio de la actividad comercial, al por mayor y al por menor, de los servicios de restauración y bares, de las oficinas y de los mercados, así como del resto del sector servicios.

i) **Envase compuesto:** envase hecho con dos o más capas de materiales diferentes que no pueden separarse a mano y forman una única unidad integral que consta de un recipiente interior y una carcasa exterior, que se rellena, almacena, transporta y vacía como tal.

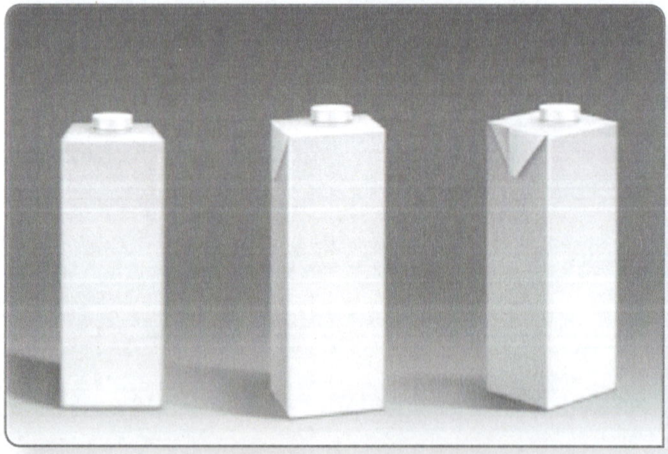

j) **Envase de servicio:** envases diseñados y destinados a ser llenados en el punto de venta y los artículos desechables diseñados y destinados al llenado en el punto de venta para suministrar el producto, y/o permitir o facilitar su consumo directo o utilización, tales como las bolsas proporcionadas a los consumidores para el transporte de la mercancía o como envase primario para alimentos a granel, las bandejas, platos, vasos, entre otros.

k) **Envase de transporte o envase terciario:** Todo envase diseñado para facilitar la manipulación y el transporte de una o varias unidades de venta o de uno o varios envases colectivos, con objeto de evitar su manipulación física y los daños inherentes en el transporte. Están excluidos de este concepto los contenedores intermodales o multimodales para transporte terrestre, naval, ferroviario y aéreo, de acuerdo con las definiciones establecidas en la Convención Internacional de Seguridad de Contenedores, de 2 de diciembre de 1972.

l) **Envase de venta o envase primario:** Todo envase diseñado para constituir en el punto de venta una unidad de venta destinada al consumidor o usuario final, ya recubra al producto por entero o solo parcialmente, pero de tal forma que no pueda modificarse el contenido sin abrir o modificar dicho envase.

m) **Envase doméstico:** envase de productos destinados al uso o consumo por particulares, independientemente de su carácter primario, secundario o terciario, siempre que estos envases sean susceptibles de ser adquiridos por el consumidor en los comercios, con independencia del lugar de venta o consumo.

n) **Envase industrial:** envase destinado al uso y consumo propio del ejercicio de la actividad económica de las industrias, explotaciones agrícolas, ganaderas, forestales o acuícolas, con exclusión de los envases que tengan la consideración de comerciales y domésticos.

o) **Envase reutilizable:** todo envase que ha sido concebido, diseñado y comercializado para realizar múltiples circuitos o rotaciones a lo largo de su ciclo de vida, siendo rellenado o reutilizado con el mismo fin para el que fue concebido.

p) **Envase superfluo**: todo envase cuyo peso o volumen supere, en una proporción excesiva, al del envase mínimo o de referencia adecuado para ofrecer los niveles de seguridad, higiene y aceptación necesarios para el producto envasado y el consumidor. En los criterios para determinar el envase de referencia y cuándo un envase es superfluo se tendrán en cuenta, entre otros, los siguientes factores: el envase de tamaño o peso mínimo, el de tamaño o peso promedio, la norma UNE-EN 13428:2005 «Envases y embalajes. Requisitos específicos para la fabricación y composición. Prevención por reducción en origen», relativa a los requisitos específicos para la fabricación y composición de los envases, así como otras normas nacionales o europeas armonizadas que pudieran dictarse al efecto.

3.1. ENVASE PRIMARIO

Todo envase diseñado para constituir en el punto de venta una unidad de venta destinada al consumidor o usuario final, ya recubra el producto por entero o solo parcialmente, pero de tal forma que no se pueda modificarse el contenido sin abrir o modificar dicho envase.

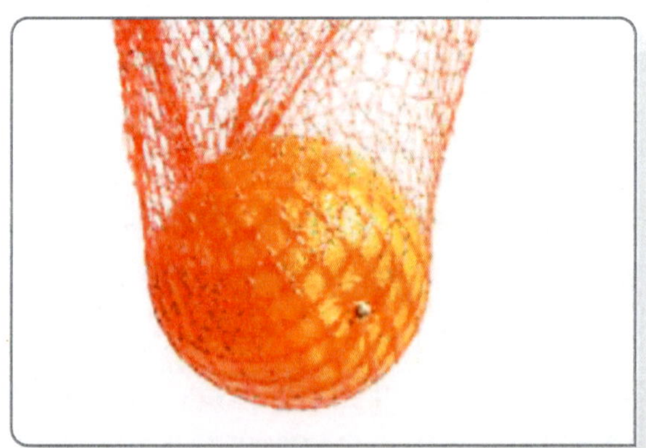

3.2. ENVASE SECUNDARIO

Todo envase diseñado para constituir en el punto de venta una agrupación de un número determinado de unidades de venta, tanto si va a ser vendido como tal al usuario o consumidor final, como si se utiliza únicamente como medio de reaprovisionar los anaqueles en el citado punto, pudiendo ser separado del producto sin afectar a las características del mismo.

3.3. ENVASE TERCIARIO

Todo envase diseñado para facilitar la manipulación y transporte de una o varias unidades de venta o de uno o varios envases colectivos, con objeto de evitar su manipulación física y los daños inherentes en el transporte. (excluidos los contenedores intermodales o multimodales de transporte terrestre, naval, ferroviario y aéreo).

Envasador

Los agentes económicos dedicados al envasado de productos para su puesta en el mercado.

- ⇨ Envases de servicio: titular del comercio que suministre o entregue dichos envases al consumidor final.
- ⇨ Envases ventas a distancia: titular del comercio responsable de la venta, respecto de esos envases

Productor

Los agentes económicos dedicados a la importación o adquisición en otros Estados miembros de la Unión Europea de productos envasados para su puesta en el mercado.

Fabricante

Fabricantes de envases: los agentes económicos dedicados tanto a la fabricación de envases como a la importación o adquisición en otros Estados miembros de la Unión Europea, de envases vacíos ya fabricados.

Puesta en el mercado

La primera comercialización de manera profesional de un producto en el territorio español.

Reciclabilidad

Reciclabilidad de los envases: capacidad de reciclado efectiva de los residuos de envases, que se determina considerando los siguientes criterios:

- ⇨ 1.º Que sean recogidos separadamente de manera eficaz, a través del acceso de los usuarios a puntos de recogida cercanos;
- ⇨ 2.º Que no presenten características, elementos o sustancias que impidan su clasificación y separación, su reciclado o limiten el uso posterior del material reciclado;
- ⇨ 3.º Que sean reciclados a escala industrial con procesos comerciales que garanticen una calidad suficiente del material reciclado para sus

usos posteriores, y en una cantidad superior al 50 % de la masa de los residuos recogidos de ese tipo de envase;

Ecodiseño

El diseño del envase teniendo en cuenta criterios ambientales como, entre otros, la reducción en peso o volumen, la sustitución de materiales o sustancias peligrosas por otros menos peligrosos, la mejora de sus características de cara a su reutilización, el incremento de la reciclabilidad de los envases cuando se conviertan en residuos y el mayor o mejor uso de materiales obtenidos a partir del reciclado de residuos de envases.

Resumen

- La gestión de envases y residuos en la Unión Europea y España se rige por una serie de normativas clave que buscan promover prácticas sostenibles y la responsabilidad compartida en el ciclo de vida de los envases. La Directiva 94/62/CE estableció los primeros fundamentos para la gestión de envases y residuos de envases en la UE, enfocándose en reducir su impacto ambiental y promover el reciclaje y la reutilización. Esta Directiva fue transpuesta al ordenamiento jurídico español mediante la Ley 11/1997, adaptando sus principios y requerimientos a nivel nacional.
- La Directiva 2008/98/CE, conocida como la Directiva Marco de Residuos, consolidó el marco legal europeo sobre residuos, introduciendo la jerarquía de residuos y la responsabilidad ampliada del productor. La Ley 22/2011 en España amplió este marco, abordando la gestión de todos los residuos y la recuperación de suelos contaminados, alineándose con los principios de la Directiva 2008/98/CE.
- Las revisiones posteriores, como la Directiva 2018/852, buscaron actualizar y fortalecer las medidas existentes, estableciendo objetivos más ambiciosos de reciclaje y recuperación. En España, el Real Decreto 1055/2022 introdujo novedades para reducir el impacto ambiental de los envases, promoviendo la reutilización y reciclaje y ampliando la responsabilidad de los productores.
- La Directiva 2018/851 y la Ley 7/2022 en España representan pasos adicionales hacia una gestión más sostenible de los residuos, incorporando principios de la economía circular y medidas contra los plásticos de un solo uso, como se establece en la Directiva 2019/904, conocida como la Directiva sobre plásticos de un solo uso.
- En conjunto, estas normativas forman un marco integral que aborda la minimización de la producción de residuos, su recogida, tratamiento y reciclaje, y promueven la transición hacia una economía circular y la protección del medio ambiente en la Unión Europea y España.
- El artículo 2 detalla definiciones clave en el marco legal español para la gestión de envases y residuos de envases, abarcando los roles de los

distintos agentes económicos involucrados en el ciclo de vida de los envases, desde su producción hasta su disposición final. Se incluyen fabricantes, importadores, distribuidores, envasadores, consumidores, gestores de residuos y administraciones públicas. La comercialización se refiere a la distribución de productos en el mercado español, ya sea de manera remunerada o gratuita.

- El ecodiseño se destaca como un principio fundamental, enfatizando la importancia de considerar criterios ambientales en el diseño de envases para reducir su impacto ambiental. Se aborda una amplia definición de "envase", incluyendo todo producto utilizado para contener y proteger mercancías, con categorías específicas como envases de venta, colectivos y de transporte. Los envases reutilizables son promovidos para fomentar la economía circular, mientras que se establecen definiciones para diferentes tipos de envases según su uso y destino, como envases de servicio, comerciales, industriales, compuestos y superfluos.
- Además, se detallan los conceptos de puesta en el mercado, reciclabilidad y envase primario, secundario y terciario, subrayando la necesidad de una gestión efectiva de residuos que permita su recogida separada, clasificación y reciclado a escala industrial. Este marco legal establece las bases para una gestión ambientalmente responsable de envases y residuos de envases en España, alineándose con los principios de sostenibilidad y economía circular.

EDITORES

MÓDULO

2. Obligaciones

Contenido del Módulo

2.1. Obligaciones de los Productores

2.2. Obligaciones Individuales

2.3. Obligaciones Colectivas

ICB
EDITORES

UNIDAD

2.1. Obligaciones de los Productores

Contenido de la Unidad

ICB
EDITORES

1. Impuesto a los envases de Plástico de un solo uso

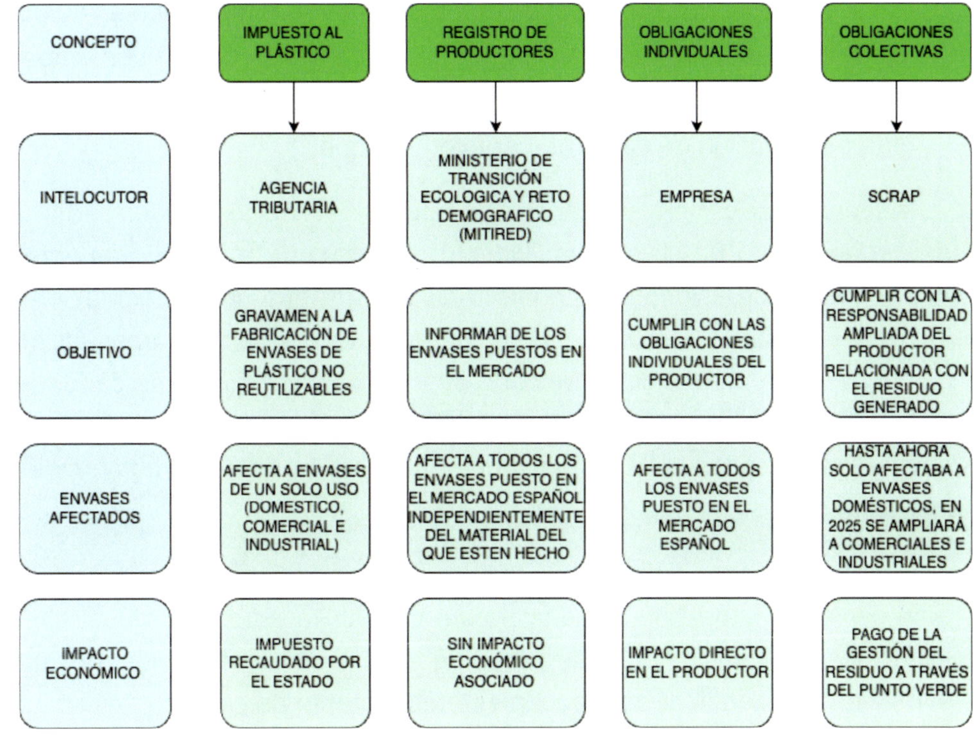

2. Registro de productores de Producto

Artículo 15. Inscripción en el Registro de Productores de Productos.

1. Los productores de producto o los representantes autorizados en el supuesto regulado en el artículo 17.2 se inscribirán en la sección de envases del Registro de Productores de Productos, creado por el Real Decreto 293/2018, de 18 de mayo, en el plazo de tres meses desde la fecha de entrada en vigor de este real decreto.

   No obstante, para los casos previstos en el artículo 28.1 en lo que respecta a los envases de servicio y en los artículos 35.3 y 41.3, cuando los productores introduzcan en el mercado envases de servicio y menos de 50.000 kg de envases comerciales e industriales, serán los fabricantes, importadores o adquirientes de estos envases, o las empresas de distribución de los envases de servicio, los obligados a la inscripción de manera única para todos ellos.

2. En el momento de la inscripción, proporcionarán la información establecida en el apartado 1 del anexo IV, que tendrá carácter público. Los datos de carácter personal estarán protegidos por la normativa estatal vigente sobre protección de datos de carácter personal.

Asimismo, se deberá aportar en el momento de la inscripción, un certificado de pertenencia a un sistema individual o colectivo de 3. En el momento de la inscripción, se asignará un número de registro que deberá figurar en las facturas y cualquier otra documentación que acompañe a las transacciones comerciales de productos envasados desde su puesta en el mercado hasta los puntos de venta de bienes o productos a los consumidores para los envases domésticos, o hasta el usuario final para los envases comerciales e industriales.

En caso de cese definitivo de la actividad, el productor de producto o su representante autorizado comunicarán la baja al Registro de Productores de Productos en el plazo de un mes desde que se produzca el cese y acreditará el mismo, remitiendo el correspondiente documento de cese de actividad de la empresa.

ANEXO IV

Inscripción e información anual a suministrar al Registro de Productores de productos en materia de envases

1. Información relativa a la inscripción en el Registro de Productores de Productos.

Los productores de productos envasados estarán obligados a facilitar, en el momento de registrarse, y al mantenimiento de su actualización posterior, la siguiente información:

a) Nombre y dirección del productor o de su representante autorizado, incluyendo el código postal, localidad, calle y número, país, número de teléfono, número de fax, dirección de correo electrónico y persona de contacto. Si se trata de un representante autorizado, también se proporcionarán los datos de contacto del productor al que representa.

b) Número de identificación fiscal europeo o el número de identificación fiscal nacional.

c) Código de actividad CNAE.

d) Categoría de envases puestos en el mercado: domésticos, industriales y/o comerciales, y si son de un solo uso, reutilizables o ambos.

e) Declaración del sistema o sistemas de responsabilidad ampliada del productor con el que cumplen sus obligaciones para cada categoría de envase, adjuntando certificado de participación en los sistemas colectivos o el número de identificación medioambiental en el caso de los sistemas individuales.

f) Declaración de veracidad de la información suministrada.

2. Los productores deberán remitir anualmente las cantidades en peso por tipo de material de los envases que introduzcan en el mercado, así como el número de unidades, desglosando para cada sistema de responsabilidad ampliada del productor las distintas categorías de envases, diferenciando si son de un solo uso o reutilizables, conforme a las opciones incluidas en el Registro de Productores.

Para ello, deberán considerar todos los elementos del envase: elemento principal, tapas y tapones o cualquier otro elemento de cierre, elementos para la seguridad y uso del producto (asa, aplicador, dosificador, precinto, cápsula), elementos de fijación y protección (anillas, fleje, abrazadera, material de relleno, plástico de burbujas, cordel, ángulo, unión, soporte, casillero), entre otros.

Tipos de envases afectados

Domesticos

Comerciales

Industriales

QUIEN TIENE QUE INSCRIBIRSE

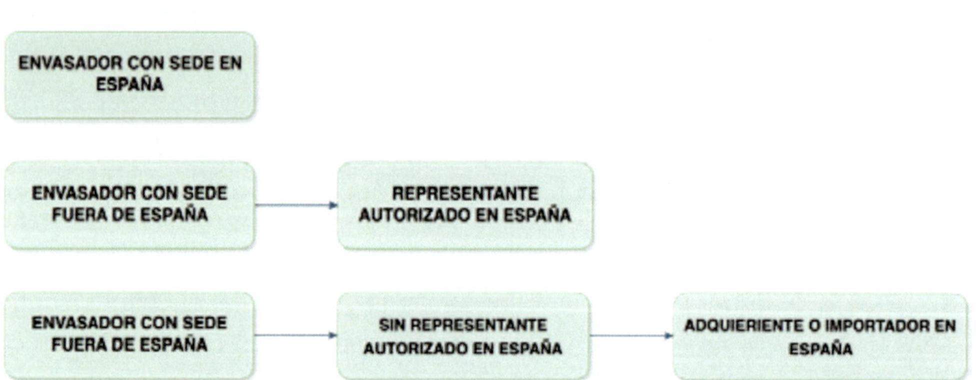

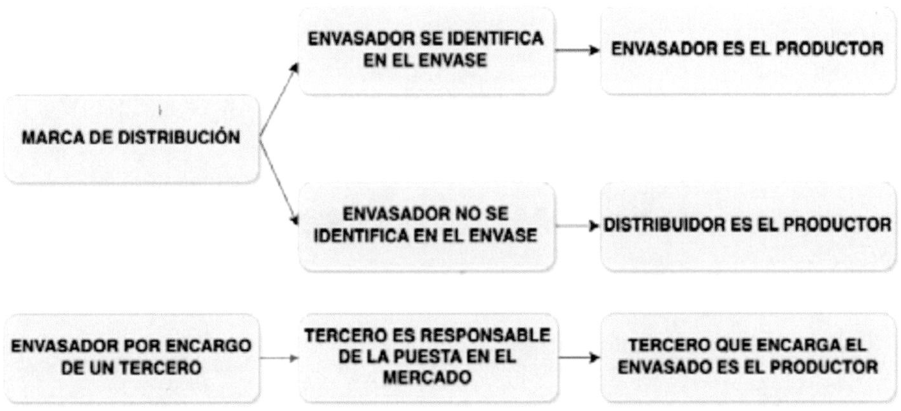

2.1. INSCRIPCIÓN AL REGISTRO: INFORMACIÓN A APORTAR EN LA INSCRIPCIÓN

1. **Datos del productor:**

   ⇨ **Directamente productor:** al acceder con el certificado electrónico de la empresa; que se descargan los datos de la empresa.

   ⇨ **En representación del productor:**

- A través de un representante: acceder con el certificado electrónico del representante, quedando dicha información como datos del productor.

- A través de un representante acreditado en el Registro Electrónico de Apoderamientos (REA): acceder por la opción del REA y buscar el apoderamiento que acredita que es representante del productor.

Empresas extranjeras: Tendrán que disponer de alguna forma de identificación válida para acceder a la sede electrónica.

- Solicitando un certificado electrónico para un NIE

- Usando un representante autorizado en España que presente la información en su nombre

Enlace de interés

https://www.sede.fnmt.gob.es/certificados/certificado-de-representante/persona-juridica

2. **Seleccionar la sección que corresponda:** hay tres secciones: bolsas, neumáticos y envase. Hay que seleccionar la sección de envases.

3. **Indicar el CNAE, un máximo de dos diferentes** (si tiene más de dos seleccionar los principales).

4. Seleccionar las categorías de envases que ponen en el mercado:

- Doméstico un solo uso

- Doméstico reutilizable

- Bebidas HORECA un solo uso

- Bebidas HORECA reutilizables

- Comerciales un solo uso

- Comerciales reutilizables

- Industriales un solo uso

⇨ Industriales reutilizables

5. Aportar certificado de pertenencia a los sistemas RAP de cada tipo de envase puesto en el mercado (para envases comerciales e industriales se podrá dejar pendiente hasta que los sistemas estén constituidos, plazo para ello 31 de diciembre 2024)
6. Obligatorio marcar casilla de declaración de veracidad
7. Número de Registro. Se asignará un número de registro con el siguiente formato. Este número registro deberá figurar en facturas y cualquier otra documentación que acompañe a las transacciones comerciales.
8. Firma y Registro. Habrá que firmar y registrar al final por lo que es necesario tener instalada la aplicación de firma en el navegador.

2.2. INSCRIPCIÓN AL REGISTRO: DECLARACIÓN ANUAL DE ENVASES PUESTOS EN EL MERCADO

PLAZOS:

Declaraciones retroactivas (disposición transitorio-segunda):

Envases puestos en el mercado en 2021: del 1 de mayo al 31 de julio de 2023

Envases puestos en el mercado en 2022: del 1 de agosto al 31 de octubre de 2023

Declaraciones anuales ordinarias:

Envases puestos en el mercado durante año natural: antes del 31 de marzo del año siguiente al año de reporte.

(2023 antes del 31 de marzo de 2024).

2.3. PROCEDIMIENTOS EN LA SEDE ELECTRÓNICA

INFORMACIÓN ANUAL SOBRE ENVASES PUESTOS EN EL MERCADO NACIONAL.

Declaración General

https://sede.miteco.gob.es/portal/site/seMITECO/ficha-procedimiento?procedure_suborg_responsable=11&procedure_etiqueta_pdu=null&procedure_id=964&by=theme

INFORMACIÓN ANUAL SOBRE ENVASES PUESTOS EN EL MERCADO NACIONAL.

Declaración simplificada.

https://sede.miteco.gob.es/portal/site/seMITECO/ficha-procedimiento?procedure_suborg_responsable=11&procedure_etiqueta_pdu=null&procedure_id=965&by=theme

La declaración simplificada aplica en los siguientes casos:

- Productores que pongan menos de 15 toneladas de envases al año.
- Primer distribuidor o comerciante de producto en España cuando venga de un país fuera de España y no haya representante autorizado.

2.4. INFORMACIÓN A DECLARAR

1. Seleccionar si es BEBIDA/NO BEBIDA e ir añadiendo en base a las opciones que pongan en el mercado por tipo de envase:
    - BEBIDA AGUA
    - BEBIDA CERVEZA
    - BEBIDA REFRESCO
    - BEBIDA OTROS
    - NO BEBIDA

    Para industrial y comercial sólo permite “No Bebida”

    Para HORECA no permite “No Bebida”

2. Seleccionar las TIPOLOGÍAS DE ENVASES e ir añadiendo en base a las opciones que pongan en el mercado:
    - Botellas plástico-bebidas de hasta 3 litros (Anexo IV E Ley 7/2022)

- ⇨ Latas para bebidas *
- ⇨ Envases de cartón para bebidas *
- ⇨ Vasos de plástico para bebidas, incluidos sus tapas y tapones (Anexo IV A.1 Ley 7/2022)
- ⇨ Otros envases primarios o envases de venta
- ⇨ Volumen de bebidas (hectolitros)

* No se tendrán en cuenta en la declaración simplificada

3. Para cada tipología de envases habrá que indicar:
   - ⇨ Unidades, sin decimales
   - ⇨ Años de vida útil estimados. Sólo para reutilizables
   - ⇨ Media del número de ciclos por año. Sólo para reutilizables
4. Seleccionar los diferentes materiales por cada tipología de envase que se pongan en el mercado:
   - ⇨ PET transparente con color
   - ⇨ PET transparente sin color
   - ⇨ HDPE (Polietileno de alta densidad)
   - ⇨ LDPE (Polietileno de baja densidad)
   - ⇨ PP (Polipropileno)
   - ⇨ PS (Poliestireno)
   - ⇨ PS-E (Poliestireno expandido)
   - ⇨ XPS (Poliestireno extrusionado)
   - ⇨ PVC (Policloruro de Vinilo)
   - ⇨ Plástico compostable de conformidad con EN 13432:2001
   - ⇨ Otros plásticos

- ⇨ Otros metales (no ferrosos)
- ⇨ Aluminio
- ⇨ Materiales ferrosos (incluyendo Hojalata y acero)
- ⇨ Vidrio fabricado con sosa y cal
- ⇨ Otro Vidrio
- ⇨ Papel/cartón
- ⇨ Cartón para bebidas y alimentos
- ⇨ Madera

5. Para cada material habrá que completar la siguiente información:
   - ⇨ Peso en toneladas
   - ⇨ % de material reciclado

Resumen

- El Artículo 15 del real decreto aborda la inscripción de productores de productos y sus representantes en el Registro de Productores de Productos, específicamente en la sección de envases. Este registro es una obligación que debe cumplirse dentro de los tres meses siguientes a la entrada en vigor del decreto. Existen ciertas excepciones para envases de servicio y envases comerciales e industriales menores a 50,000 kg, donde la obligación de inscripción recae en los fabricantes, importadores, adquirientes o empresas de distribución.

- La inscripción requiere la provisión de información detallada que será pública, excepto los datos personales que estarán protegidos según la legislación de protección de datos. Entre los datos a aportar se incluyen el nombre y dirección del productor o representante, el número de identificación fiscal, el código CNAE, la categoría de envases introducidos en el mercado, y la declaración del sistema de responsabilidad ampliada del productor al que pertenecen.

- Tras la inscripción, se asignará un número de registro que debe constar en las facturas y documentaciones de las transacciones comerciales. En caso de cese de actividad, el productor o su representante debe comunicarlo al registro en un plazo de un mes.

- El Anexo IV especifica la información requerida para la inscripción y la información anual que los productores deben enviar al Registro, incluyendo detalles sobre los envases, como el tipo de material y la cantidad introducida en el mercado. También se describen los procedimientos para la inscripción en la sede electrónica, los plazos para las declaraciones anuales y retroactivas, y la información específica que debe ser declarada según la tipología de los envases y los materiales utilizados.

ICB
EDITORES

UNIDAD

2.2. Obligaciones Individuales

Contenido de la Unidad

ICB
EDITORES

1. Prevención: Objetivos

"Artículo 6. Objetivos de prevención

1. *Con la finalidad de reducir la cantidad y el impacto de los residuos de envases sobre el medio ambiente, se avanzará en la consecución de los siguientes objetivos de prevención:*

a) *Lograr una reducción del peso de los residuos de envases producidos del 13 % en 2025, y del 15 % en 2030, respecto a los generados en 2010.*

b) *Conseguir que todos los envases puestos en el mercado sean reciclables en 2030, y siempre que sea posible, reutilizables.*

2. *A través de las medidas recogidas en este real decreto y otras que puedan adoptarse tratará de conseguir una reducción del 20 % en 2030 en el número de botellas para bebidas de plástico de un solo uso que se comercializan, respecto a la información incorporada en la sección de envases del Registro de Productores de Productos relativa al año 2022.*

De igual forma, se avanzará progresivamente hacia el fin de la comercialización de los envases de plástico de un solo uso comprendidos en la parte A del anexo IV de la Ley 7/2022, de 8 de abril."

El artículo establece objetivos claros y ambiciosos para la gestión de envases y residuos de envases, en línea con los principios de sostenibilidad y economía circular. Estos objetivos buscan no solo reducir la cantidad de residuos generados sino también mejorar su gestionabilidad a través del reciclaje y la reutilización.

La meta de reducir el peso de los residuos de envases en un 13% para 2025 y un 15% para 2030 en comparación con los niveles de 2010 es un claro indicador de la intención de minimizar la producción de residuos. Este objetivo puede estimular la innovación en el diseño de envases, fomentando el uso de materiales más ligeros y menos recursos en la fabricación de envases.

La exigencia de que todos los envases sean reciclables para 2030, y preferiblemente reutilizables, es otro paso fundamental hacia la sostenibilidad.

Esto no solo disminuirá la cantidad de residuos que terminan en vertederos o incineradoras, sino que también promoverá la economía circular al mantener los materiales en uso durante el mayor tiempo posible.

Además, la meta específica de reducir en un 20% la comercialización de botellas de plástico de un solo uso para 2030 destaca el enfoque en abordar el problema de los plásticos de un solo uso, que son una fuente significativa de contaminación ambiental. Junto con el objetivo de cesar progresivamente la comercialización de envases de plástico de un solo uso enumerados en la parte A del anexo IV de la Ley 7/2022, estas medidas reflejan un compromiso serio con la reducción del impacto ambiental de los plásticos.

En conjunto, estos objetivos representan un desafío significativo para la industria, los consumidores y las autoridades, pero también una oportunidad para avanzar hacia sistemas de producción y consumo más sostenibles. La implementación efectiva de estas medidas requerirá la colaboración entre todos los actores involucrados, así como innovaciones en diseño de productos, sistemas de recogida y reciclaje, y cambios en los hábitos de consumo.

2. Prevención: Medidas de Prevención

(Art. 7 RD 1055/22)

"Artículo 7. Medidas de prevención.

1. Con objeto de alcanzar los objetivos establecidos en el artículo anterior, las administraciones públicas en su respectivo ámbito competencial, previa consulta con los agentes económicos, adoptarán las medidas oportunas relativas al diseño, proceso de fabricación, distribución, comercialización y consumo de los envases.

Asimismo, las autoridades competentes adoptarán medidas para, al menos:

a) Fomentar el consumo de agua potable en sus dependencias y otros espacios públicos, mediante el uso de fuentes en condiciones que garanticen la higiene y la seguridad alimentaria o el uso de envases reutilizables, entre otros, sin perjuicio de que en los centros sanitarios se permita la comercialización en envases de un solo uso.

b) Evitar la utilización de envases superfluos. Para ello, las administraciones públicas podrán proponer y suscribir con los agentes económicos acuerdos voluntarios, en los que se incluyan medidas concretas para la reducción del uso de envases superfluos.

2. Las medidas de prevención que se adopten deberán respetar los requisitos del artículo 12.1, serán proporcionadas con el resultado que se desea alcanzar y no discriminatorias.

Asimismo, deberán ajustarse al Derecho de la Unión Europea y estar diseñadas y puestas en práctica de manera que no constituyan una traba al comercio, a la libre competencia, o al mercado único.

3. En el diseño y evaluación de las posibles medidas de prevención, en particular para estimar su proporcionalidad y viabilidad a lo largo del ciclo de vida del envase, se promoverán los estudios y análisis de ciclo de vida, los análisis coste económico/beneficio ambiental y otras herramientas similares. Estos análisis se realizarán tomando en consideración el tipo y material del envase y el producto contenido.

4. Los comercios minoristas de alimentación adoptarán las medidas necesarias para:

a) Presentar a granel aquellas frutas y verduras frescas que se comercialicen enteras. Esta obligación no se aplica a las frutas y hortalizas envasadas en lotes de 1,5 kilogramos o más, ni a las frutas y hortalizas que se envasen bajo una variedad protegida o registrada o cuenten con una indicación de calidad diferenciada o de agricultura ecológica, así como a las frutas y hortalizas que presentan un riesgo de deterioro o merma cuando se venden a granel, las cuales se determinarán por orden del Ministerio de Agricultura, Pesca y Alimentación, en coordinación con el Ministerio para la Transición Ecológica y el Reto Demográfico y la Agencia Española de Seguridad Alimentaria y Nutrición, en el plazo de seis meses desde la entrada en vigor de este real decreto. Una vez publicada la lista anterior, los comercios dispondrán de un plazo de seis meses para su adaptación en el caso de las frutas y hortalizas no exceptuadas.

b) Fomentar la venta a granel de alimentos, especialmente en aquellos casos en los que el envase no aporta ningún valor añadido al producto.

Para ello, los comercios minoristas de alimentación cuya superficie sea igual o mayor a 400 metros cuadrados destinarán al menos el 20 % de su área de ventas a la oferta de productos presentados sin embalaje primario, incluida la venta a granel o mediante envases reutilizables.

A efectos de lo dispuesto en este apartado, se entenderá por área de ventas, el área de exposición y venta exclusivamente destinada a productos de alimentación, en la que se den las condiciones para promover la venta a granel o con envases reutilizables, excluyendo todas las zonas comunes para el funcionamiento normal del establecimiento. A los efectos del cómputo del porcentaje, se tendrán en cuenta las zonas en las que se realice oferta de productos a granel o mediante envases reutilizables, así como los espacios necesarios para su preparación, tránsito, presentación y pesado.

c) Informar a sus clientes, desde el 1 de enero de 2023, de los impactos ambientales y de las obligaciones de gestión de los residuos de los envases de los productos que adquieran, siempre que dispongan de una superficie útil para la exposición y venta al público igual o superior a 300 metros cuadrados. En particular, informarán como mínimo en un lugar destacado del propio establecimiento, sobre los siguientes aspectos:

1.º Obligaciones del consumidor en lo referente a la devolución de los envases reutilizables y a la separación de los residuos de envases en los distintos contenedores o puntos de recogida establecidos, conforme a la forma de gestión establecida en este real decreto.

2.º Promoción de las bolsas reutilizables, y optimización de la utilización de las bolsas de un solo uso, para reducir el consumo innecesario de estos envases.

3.º Información sobre la disponibilidad en el comercio de envases reutilizables, así como sobre la posibilidad de uso de recipientes reutilizables por parte del consumidor de conformidad con lo establecido en el artículo 9.3.

Estas obligaciones también se aplicarán a las plataformas de comercio electrónico y comercios minoristas que efectúen ventas a distancia, que deberán informar en un lugar destacado del medio empleado para la venta.

5. Los establecimientos del sector de la hostelería y restauración ofrecerán siempre a los consumidores, clientes o usuarios de sus servicios, la posibilidad de consumo de agua no envasada de manera gratuita y complementaria a la oferta del mismo establecimiento, tal y como dispone el artículo 18.3 de la Ley 7/2022, de 8 de abril.

6. Los promotores de eventos festivos, culturales o deportivos, tanto los que tengan el apoyo de las administraciones públicas en el patrocinio, la organización o en cualquier otra fórmula como los organizados por el sector privado, desde el 1 de julio de 2023, implantarán alternativas a la venta y la distribución de bebidas en envases y vasos de un solo uso, garantizando además el acceso a agua potable no envasada.

En el caso de que los promotores opten por la distribución de bebidas en vasos reutilizables, deberán cumplir los requisitos de la norma europea armonizada UNE-EN 13429:2005 «Envases y embalajes. Reutilización». Si el promotor cobrase en concepto de depósito una cantidad por cada vaso reutilizable con el fin de garantizar su recuperación, deberá habilitar los mecanismos necesarios para garantizar la devolución del depósito una vez el vaso sea retornado por el consumidor."

El Artículo 7 establece una serie de medidas proactivas y específicas dirigidas a reducir la cantidad y el impacto ambiental de los residuos de envases, en consonancia con los objetivos de prevención fijados previamente. Las medidas contemplan la implicación directa de las administraciones públicas, que, en consulta con los agentes económicos, están llamadas a implementar estrategias que incidan en todo el ciclo de vida de los envases, desde el diseño hasta el consumo final.

La promoción del consumo de agua potable en espacios públicos y la eliminación de envases superfluos son ejemplos claros de acciones concretas que buscan fomentar prácticas más sostenibles tanto a nivel institucional como individual. La obligación para los comercios minoristas de alimentación de ofrecer frutas y verduras a granel y destinar un porcentaje de su área de ventas a productos sin embalaje primario apunta a una reducción significativa del uso de envases innecesarios en el sector alimentario, uno de los grandes generadores de residuos de envases.

Asimismo, se hace énfasis en la necesidad de que estas medidas sean no discriminatorias, proporcionadas y coherentes con el Derecho de la Unión Europea, evitando interferencias con el comercio, la libre competencia o el mercado único. Esta condición subraya la importancia de encontrar un equilibrio entre la protección ambiental y la funcionalidad del mercado interno.

El enfoque en estudios y análisis de ciclo de vida para evaluar la proporcionalidad y viabilidad de las medidas de prevención refleja un compromiso con decisiones basadas en evidencia, lo que contribuye a la eficacia y eficiencia de las políticas implementadas.

Finalmente, la inclusión de obligaciones específicas para la hostelería, el comercio electrónico y la organización de eventos refleja un enfoque integral y adaptado a diversos contextos, reconociendo la necesidad de estrategias personalizadas para diferentes sectores con el fin de lograr los objetivos de reducción de residuos de forma efectiva.

Los promotores de eventos festivos , culturales o deportivos, tanto públicos como privados , desde el 1 de julio de 2023 , implantaran alternativas a la venta y la distribución de bebidas en envases y vasos de un solo uso, garantizando además el acceso a agua potable no envasada.

Los establecimientos del sector de la hostelería y restauración ofrecerán siempre la posibilidad de consumo de agua
no envasada de manera gratuita y complementaria a la oferta del mismo establecimiento.

Art. 18.3 de la Ley 7/2022

Restricciones a la introducción al mercado para los productos de plastico de un solo uso como pajitas, bastoncillos, platos, agitadores de bebidas, cuberterías desechables o recipientes de alimentos y bebidas de poliestireno expandido.
Anexo IV de la Ley 7/2022

2.1. PREVENCIÓN: Medidas para comercios minoristas de alimentación

GRANEL

Presentar a granel frutas y verduras frescas y enteras.

No se aplica a:

1. Lotes de ≥ 1,5kg.
2. Variedades protegidas o registradas o de calidad diferenciada o de agricultura Ecológica.
3. Frutas con riesgo de deterioro o merma. (Se definirá en 6 meses tras entrada en vigor del RD y habrá 6 meses adicionales para adaptarse).

Fomentar venta a granel cuando el envase no aporta valor añadido

1. Los comercios de ≥ 400m2destinarán el 20% del área de venta para productos sin embalaje primario, incluido la venta a granel o envases reutilizables.

INFORMACIÓN AL CLIENTE

Informar al cliente de los impactos ambientales y las obligaciones de gestión de los residuos de envases. Sólo comercios de ≥300m2desde 1 de enero de 2023. También comercio electrónico y ventas a distancia.

Información mínima que trasladar:

- Información sobre separación de los residuos de envases en los distintos contenedores.
- Información sobre las obligaciones de devolución de envases reutilizables.
- Promoción de las bolsas reutilizables, y optimización de las bolsas de un solo uso.
- Información sobre la disponibilidad en el comercio de envases reutilizables.

2.2. Medidas de reducción del consumo de determinados productos plásticos de un solo uso (Art. 55 Ley 7/2022)

"Ley 7/2022, de 8 de abril, de residuos y suelos contaminados para una economía circular.

TÍTULO V

Reducción del impacto de determinados productos de plástico en el medio ambiente

Artículo 55. Reducción del consumo de determinados productos de plástico de un solo uso.

1. Para los productos de plástico de un solo uso incluidos en la parte A del anexo IV, se establece el siguiente calendario de reducción de la comercialización:

a) En 2026, se ha de conseguir una reducción del 50 % en peso, con respecto a 2022.

b) En 2030, se ha de conseguir una reducción del 70 % en peso, con respecto a 2022.

2. Al objeto de cumplir con los objetivos anteriores, todos los agentes implicados en la comercialización fomentarán el uso de alternativas reutilizables o de otro material no plástico. En cualquier caso, a partir del 1 de enero de 2023, se deberá cobrar un precio por cada uno de los productos de plástico incluidos en la parte A del anexo IV que se entregue al consumidor, diferenciándolo en el ticket de venta.

El Ministerio para la Transición Ecológica y el Reto Demográfico, en coordinación con las comunidades autónomas, llevará a cabo un seguimiento de la reducción del consumo de estos productos y, en función de los resultados, podrá proponer la revisión del calendario anterior y otras posibles vías para reducir su consumo, lo que deberá ser establecido reglamentariamente. Estas medidas serán proporcionadas y no discriminatorias y serán notificadas a la Comisión Europea de conformidad con el Real Decreto 1337/1999, de 31 de julio, a los efectos de dar cumplimiento a lo dispuesto en la Directiva (UE) 2015/1535 del Parlamento Europeo y del Consejo, de 9 de septiembre de 2015.

3. Los recipientes para alimentos tendrán la consideración de producto de plástico de un solo uso cuando, además de cumplir con los criterios enumerados en su definición, su tendencia a convertirse en basura dispersa, debido a su volumen o tamaño, en particular las porciones individuales, desempeñe un papel decisivo. A este fin se utilizará la información resultante de la aplicación de lo establecido en el artículo 18.1.k).

4. En relación con las bandejas de plástico que sean envases y no estén afectadas por el anexo IV y con productos monodosis de plástico, anillas de plástico que permiten agrupar varios envases individuales y palos de plástico usados en el sector alimentario como soportes de productos (palos de caramelos, de helados y de otros productos), todos ellos fabricados con plástico no compostable, los agentes implicados en su comercialización avanzarán en una reducción de su consumo mediante la sustitución de estos productos de plástico preferentemente por alternativas reutilizables y de otros materiales tales como plástico compostable, madera, papel o cartón, entre otros.

El Ministerio para la Transición Ecológica y el Reto Demográfico llevará a cabo un seguimiento de la reducción del consumo de estos productos y, en función de los resultados, podrá establecer reglamentariamente otras medidas encaminadas a lograr una reducción significativa, en particular el establecimiento de un calendario de reducción.

5. El Ministerio para la Transición Ecológica y el Reto Demográfico elaborará un informe de todas las medidas que haya adoptado de conformidad con este artículo, lo comunicará a la Comisión Europea y lo pondrá a disposición del público."

El Artículo 55 de la Ley 7/2022 se enfoca en la reducción del consumo de determinados productos de plástico de un solo uso, especificando un calendario para disminuir significativamente su comercialización en el mercado español. Para 2026, la ley aspira a una reducción del 50% en peso de estos productos, comparado con los niveles de 2022, y para 2030, un objetivo más ambicioso del 70%. Esto refleja un claro compromiso con la disminución del uso de plásticos desechables, que son una gran fuente de contaminación ambiental.

Para alcanzar estos objetivos, se promoverá el uso de alternativas reutilizables y de materiales no plásticos entre todos los agentes involucrados. Además, desde el inicio de 2023, se establece que cada producto de plástico de un solo uso entregado al consumidor deberá ser cobrado aparte, lo que busca incentivar la elección de opciones más sostenibles por parte de los consumidores.

El seguimiento y revisión de estas medidas por parte del Ministerio para la Transición Ecológica y el Reto Demográfico permitirá ajustar y reforzar las estrategias para asegurar el cumplimiento de los objetivos establecidos. Además, se presta especial atención a los productos con alta probabilidad de convertirse en basura dispersa, como ciertos recipientes para alimentos, enfocándose en reducir su uso.

En cuanto a productos como bandejas de plástico, envases monodosis, anillas y palos usados en el sector alimentario, se busca una reducción de su consumo promoviendo la sustitución por alternativas más sostenibles. Este enfoque integral y las medidas específicas planteadas en este artículo son pasos importantes hacia una economía circular y una menor dependencia de los plásticos desechables, contribuyendo a la protección del medio ambiente.

Prevención : medidas de reducción del consumo de determinados productos plásticos de un solo uso

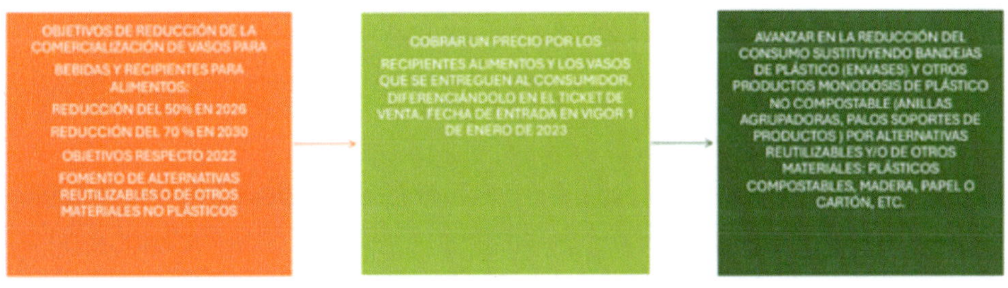

3. Reutilización: Objetivos Aspiracionales

(Art. 8 RD 1055/22)

"Artículo 8. Objetivos de reutilización.

1. En consonancia con el principio de jerarquía de residuos, a fin de fomentar el aumento de la proporción de envases reutilizables comercializados y de los sistemas de reutilización de envases de manera respetuosa con el

medio ambiente, respetando los requisitos del artículo 12.1, se avanzará en alcanzar los siguientes objetivos de reutilización a nivel estatal:

a) Para las bebidas comercializadas en el sector de la hostelería y la restauración (canal HORECA), expresados en hectolitros:

1.º Aguas envasadas: puesta en el mercado del 30 % en envases reutilizables en 2025, del 40 % en 2030, y del 50 % en 2035.

2.º Cerveza: puesta en el mercado del 80 % en envases reutilizables en 2025, del 85 % en 2030 y del 90 % en 2035.

3.º Bebidas refrescantes: puesta en el mercado del 60 % en envases reutilizables en 2025, del 70 % en 2030 y del 80 % en 2035.

4.º Otras: puesta en el mercado del 20 % en envases reutilizables en 2025, del 25 % en 2030 y del 30 % en 2035.

b) Para las bebidas de las categorías mencionadas en el apartado a) comercializadas en canal doméstico, al menos el 10 % del volumen puesto en el mercado en 2030, expresado en hectolitros, deberá ser en envases reutilizables.

c) La proporción de envases reutilizables comercializados en canal doméstico respecto al total de envases en peso de esta categoría deberá ser del 5 % en 2030 y del 10 % en 2035.

d) La proporción de envases comerciales y de envases industriales reutilizables, respecto al total de envases en peso para cada una de estas categorías, deberá ser del 20 % en 2030 y del 30 % en 2035.

Los objetivos de este apartado podrán ser revisados a la luz de la información disponible en la sección del Registro de Productores de Producto del artículo 16, de forma que se permita avanzar en el impulso a la reutilización de envases.

2. Los envases reutilizables al final de su vida útil deberán ser reciclables conforme a lo previsto en el artículo 6.1.b).

3. Los envases de venta reutilizables comercializados por primera vez y reutilizados como parte de un sistema de reutilización de envases, podrán ser contabilizados para ajustar el nivel de los objetivos de reciclado, conforme a lo establecido en el anexo II"

El Artículo 8 se centra en establecer objetivos claros para promover la reutilización de envases, especialmente en el sector de bebidas, tanto en la hostelería y restauración (canal HORECA) como en el consumo doméstico. Estos objetivos son progresivos y aumentan con el tiempo, reflejando un compromiso a largo plazo con la reducción de residuos y el fomento de una economía circular.

Por ejemplo, se establecen metas específicas para diferentes tipos de bebidas en el canal HORECA, como aguas envasadas, cerveza, y bebidas refrescantes, con porcentajes incrementales de uso de envases reutilizables que deben alcanzarse en 2025, 2030 y 2035. Estas metas son ambiciosas, especialmente para productos como la cerveza, donde se espera que el 90% de la comercialización se realice en envases reutilizables para 2035.

También se establecen objetivos para el canal doméstico, tanto en términos de volumen como de peso de los envases reutilizables, promoviendo así la adopción de prácticas sostenibles fuera del entorno de la hostelería y restauración. Esto indica un esfuerzo por extender las prácticas de sostenibilidad a todos los ámbitos de la sociedad.

El artículo subraya que los envases reutilizables, al final de su vida útil, deben ser reciclables, asegurando que incluso cuando ya no se puedan reutilizar, se gestionen de manera que minimicen su impacto ambiental. Además, permite que los envases de venta reutilizables se contabilicen para ajustar los niveles de objetivos de reciclaje, lo cual podría incentivar aún más la adopción de sistemas de reutilización por parte de los productores.

En resumen, este artículo refleja un enfoque holístico y progresivo hacia la gestión de envases, enfocándose no solo en la reutilización y reciclaje, sino también en la integración de estos principios en todas las etapas de la cadena de suministro y consumo, con el objetivo final de reducir significativamente el impacto ambiental de los envases de plástico.

Canal	Tipo de producto	2025	2030	2023
CANAL HORECA	Agua envasada	30 %	40%	50 %
	Cerveza	80 %	85 %	90 %
	Bebidas refrescantes	60 %	70 %	80 %
	Otras bebidas	20 %	25 %	30 %
CANAL DOMESTICO	Bebidas		10 %	
	Total envases**		5 %	10 %
CANAL COMERCIAL E INDUSTRIAL	Total envases**		20 %	30 %

Los envases reutilizables deben ser reciclables al final de su vida útil
Los objetivos son a nivel estatal

- *Objetivo expresados en Hectolitros
- ** Objetivos expresados respecto al total de envases en peso

3.1. REUTILIZACIÓN: Medidas de reutilización para comercios minoristas de alimentación (Art. 9 RD 1055/22)

"Artículo 9. Medidas de reutilización.

1. Dentro de sus respectivos ámbitos de competencias, las administraciones públicas podrán establecer medidas para favorecer la reutilización de los envases usados de manera respetuosa con el medio ambiente, en particular, medidas de carácter económico, y acuerdos voluntarios con los agentes económicos.

Entre estas medidas, se priorizarán las iniciativas para la normalización y estandarización de envases y la sustitución de envases de un solo uso por envases reutilizables y reutilizados en el marco de contratación de las compras públicas.

2. Las medidas que se adopten con el objetivo de promover la reutilización deberán respetar los requisitos del artículo 12.1. Serán medidas no discriminatorias y proporcionadas desde el punto de vista ambiental, técnico, económico y social en relación con los objetivos que se desea conseguir, y pudiendo tener en cuenta los resultados obtenidos en otros países. Asimismo, deberán ajustarse al Derecho de la Unión Europea y estar diseñadas y puestas en práctica de manera que no constituyan una traba al comercio, a la libre competencia, o al mercado único.

3. Todos los establecimientos de alimentación que vendan a granel alimentos y bebidas, deberán aceptar el uso de recipientes reutilizables (bolsas, táperes, botellas, entre otros) adecuados para la naturaleza del producto adquirido y debidamente higienizados, siendo los consumidores los responsables de su acondicionamiento y limpieza. Tales recipientes podrán ser rechazados por el comerciante para el servicio si están manifiestamente sucios o no son adecuados. A tal fin, el punto de venta deberá informar al consumidor final sobre las condiciones de limpieza e idoneidad de los recipientes reutilizables, quedando exentos de la responsabilidad por los problemas de seguridad alimentaria que se pudieran derivar de la utilización de los recipientes aportados por los consumidores.

Asimismo, los comercios minoristas con una superficie útil para la exposición y venta al público igual o superior a 300 metros cuadrados asegurarán la disponibilidad de envases reutilizables para el consumidor final, de forma gratuita o a través del cobro de un precio.

4. Los establecimientos minoristas de alimentación deberán ofrecer en sus puntos de venta, respecto a los envases de las bebidas mencionadas en el artículo 8.1.a):

a) Desde el 1 de enero de 2027:

1.º Al menos una referencia de bebida en envase reutilizable, si el establecimiento tiene una superficie comercial inferior a 120 m2.

2.º Al menos tres referencias de bebida en envase reutilizable, si el establecimiento tiene una superficie comercial de 120 m2 o superior e inferior a 300 m2.

b) Desde el 1 de enero de 2025:

1.º Al menos cuatro referencias de bebida en envase reutilizable, si el establecimiento tiene una superficie comercial de 300 m2 o superior e inferior a 1.000 m2.

2.º Al menos cinco referencias de bebida en envase reutilizable, si el establecimiento tiene una superficie comercial de 1.000 m2 o superior e inferior a 2.500 m2.

3.º Al menos siete referencias de bebida en envase reutilizable, si el establecimiento tiene una superficie comercial de 2.500 m2 o superior.

El número de referencias mínimas de bebidas en envases reutilizables que se deban comercializar en cada segmento de establecimientos minoristas podrá incrementarse mediante orden del Ministerio para la Transición Ecológica y el Reto Demográfico.

Los establecimientos minoristas deberán prestar el servicio de retorno de envases reutilizables conforme a lo establecido en el artículo 46.2.

A los efectos de este apartado, resulta indiferente que los envases reutilizables de bebida sean de vidrio, plástico o cualquier otro material que pueda someterse a las operaciones de reutilización para su reintroducción en el mercado"

3.1.1. REUTILIZACIÓN: Medidas de reutilización para comercios minoristas de alimentación

(Art. 9 RD 1055/22)

REUTILIZACIÓN: medidas de reutilización para comercios minoristas de alimentación

Los comerciantes que vendan a granel alimentos y bebidas deberán aceptar el uso de recipientes reutilizables siendo los consumidores responsables de su acondicionamiento y limpieza

Comercios de > 300 m2 asegurarán la disponibilidad de envases reutilizables

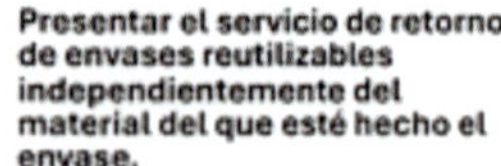

El Artículo 9 establece una serie de medidas dirigidas a fomentar la reutilización de envases en el ámbito del comercio minorista de alimentación, en línea con los objetivos de sostenibilidad y economía circular. Estas medidas están diseñadas para reducir el impacto ambiental asociado a los envases de un solo uso y promover un cambio hacia prácticas de consumo más sostenibles.

Una de las iniciativas clave incluye la posibilidad de que los consumidores puedan utilizar sus propios recipientes reutilizables en los establecimientos de alimentación que vendan productos a granel. Esto no solo fomenta la reducción de residuos de envases, sino que también implica una responsabilidad compartida entre consumidores y comerciantes para asegurar la idoneidad e higiene de estos recipientes.

Además, se establecen obligaciones específicas para los comercios minoristas en función de su tamaño, en términos de ofrecer una cantidad mínima de referencias de bebidas en envases reutilizables. Esto varía desde al menos una referencia en tiendas más pequeñas hasta siete referencias en las más grandes, con posibles incrementos futuros determinados por el Ministerio para la Transición Ecológica y el Reto Demográfico.

También se menciona la necesidad de que los establecimientos minoristas ofrezcan envases reutilizables para el consumidor final, lo que podría incluir proporcionarlos de forma gratuita o mediante un cobro. Esto podría incentivar aún más la adopción de prácticas sostenibles por parte de los consumidores.

El artículo también subraya la importancia de un sistema de retorno para los envases reutilizables, lo que facilitaría su recogida y reintroducción en el ciclo de uso, reduciendo así los residuos y promoviendo la economía circular.

Estas medidas reflejan un enfoque integral y adaptativo para promover la reutilización de envases en el sector minorista de alimentos, con un claro enfoque en la responsabilidad ambiental y la participación tanto de los comerciantes como de los consumidores.

- **Asegurar la disponibilidad de número mínimo de referencias de envases reutilizables para bebidas:**

- **1 enero de 2025** en comercios en función de la superficie:
- >300m2y <1.000m2al menos 4 referencias
- >1.000m2y <2.500m2al menos 5 referencias
- >2.500m2al menos 7 referencias

- **1 de enero de 2027** en comercios en función de la numero de referencias en comercios en función de la superficie:
- >300m2y <1.000m2al menos 4 referencias
- >1.000m2y <2.500m2al menos 5 referencias
- >2.500m2al menos 7 referencias

- **1 de enero de 2027** el numero de referencias en comercios en función de la superficie:
- < 120m2al menos 1 referencias
- >120m2y <300m2al menos 3 referencias

3.2. MARCADO

(Art. 12 y 13 RD 1055/2022) Obligatorio (enero 2025)

"CAPÍTULO I

Obligaciones de diseño y marcado de envases

Artículo 12. Diseño del producto, requisitos y condiciones de seguridad.

"1. Los envases deberán diseñarse de manera que a lo largo de todo su ciclo de vida se reduzca su impacto ambiental y la generación de residuos, tanto en su fabricación como en su uso posterior, y de manera que se asegure que la valorización y eliminación de los envases que se han convertido en residuos se desarrolle sin poner en peligro la salud humana y sin dañar al medio ambiente, y de conformidad con el principio de jerarquía de residuos.

De igual forma, las medidas de diseño que se adopten para el cumplimiento de los objetivos previstos en el real decreto no comprometerán las funciones esenciales del envase, ni los niveles de seguridad e higiene necesarios para el producto envasado y el consumidor.

2. Los fabricantes o importadores de envases solo podrán introducir en el mercado los envases que cumplan los siguientes requisitos:

a) La suma de los niveles de concentración de plomo, cadmio, mercurio y cromo hexavalente presentes en los envases o sus componentes no será superior a 100 ppm en peso. Estos niveles de concentración no se aplicarán a los envases totalmente fabricados de vidrio transparente con óxido de plomo de conformidad con la Decisión de la Comisión, de 19 de febrero de 2001, por la que se establecen las condiciones para la no aplicación a los envases de vidrio de los niveles de concentración de metales pesados establecidos en la Directiva 94/62/CE relativa a los envases y residuos de envases (2001/171/CE), ni a las cajas y paletas de plástico de conformidad con la Decisión de la Comisión, de 24 de marzo de 2009, por la que se establecen las condiciones para la no aplicación a las cajas de plástico y a las paletas de plástico de los niveles de concentración de metales pesados establecidos en la Directiva 94/62/CE del Parlamento Europeo y del Consejo relativa a los envases y residuos de envases (2009/292/CE).

b) Los requisitos básicos sobre composición de los envases y sobre la naturaleza de los envases reutilizables y valorizables, incluidos los reciclables, que figuran en el anexo III de este real decreto.

Se presumirá que los envases cumplen los requisitos básicos cuando cumplan con las normas UNE-EN 13427:2005 «Envases y embalajes. Requisitos para la utilización de las normas europeas en el campo de los envases y los embalajes y sus residuos», UNE-EN 13428:2005 «Envases y embalajes. Requisitos específicos para la fabricación y composición. Prevención por reducción en origen», UNE-EN 13429:2005 «Envases y embalajes. Reutilización», UNE-EN 13430:2005 «Envases y embalajes. Requisitos para envases y embalajes recuperables mediante reciclado de materiales», UNE-EN 13431:2005 «Envases y embalajes. Requisitos de los envases y embalajes valorizables mediante recuperación de energía, incluyendo la especificación del poder calorífico inferior mínimo» y UNE-EN 13432:2001 «Envases y embalajes. Requisitos de los envases y embalajes valorizables mediante compostaje y biodegradación. Programa de ensayo y criterios de evaluación para la aceptación final del envase o embalaje» y sus posteriores revisiones, así como de otras normas armonizadas de la Unión Europea y nacionales existentes o que puedan ser aprobadas en el futuro.

c) Los envases fabricados con plástico no compostable deberán incorporar la cantidad de plástico reciclado que permita a los envasadores cumplir los objetivos establecidos en el artículo 11.3 y 11.4 para cada horizonte temporal, según su tipología.

A efectos de esta disposición, la cantidad de plástico reciclado contenida en los productos deberá ser certificada mediante una entidad acreditada para emitir certificación al amparo de la norma UNE-EN 15343:2008 «Plásticos. Plásticos reciclados. Trazabilidad y evaluación de conformidad del reciclado de plásticos y contenido en reciclado» o las normas que las sustituyan. En el supuesto de plástico reciclado químicamente, dicha cantidad se acreditará mediante el certificado emitido por la correspondiente entidad acreditada o habilitada a tales efectos.

3. A los efectos del cumplimiento de los requisitos mencionados en el apartado anterior, los fabricantes e importadores o adquirientes intracomunitarios de envases vacíos o, en su caso, los importadores o adquirientes intracomunitarios de productos envasados, deberán disponer de los documentos e información que permitan acreditar o demostrar la conformidad de que los envases comercializados o que se pretende comercializar cumplen los requisitos básicos sobre la fabricación y composición de los envases y sobre la naturaleza de los envases reutilizables y valorizables, incluidos los reciclables. Esta documentación deberá ser facilitada a los productores de producto.

Las entidades certificadoras a tal fin deberán estar acreditadas por la Entidad Nacional de Acreditación (en adelante ENAC) o por el organismo nacional de acreditación de cualquier otro Estado miembro de la Unión Europea, designado de acuerdo a lo establecido en el Reglamento (CE) número 765/2008 del Parlamento Europeo y del Consejo de 9 de julio de 2008 por el que se establecen los requisitos de acreditación y vigilancia del mercado relativos a la comercialización de los productos y por el que se deroga el Reglamento (CEE) número 339/93, o en el caso de productos fabricados fuera de la Unión Europea, cualquier otro acreditador con quien la ENAC tenga un acuerdo de reconocimiento internacional.

4. La documentación acreditativa del cumplimiento de los requisitos regulados en este artículo deberá estar disponible para su evaluación y verificación por parte de las autoridades competentes si éstas la solicitan."

El Artículo 12 delinea directrices claras para el diseño, fabricación y comercialización de envases, con un fuerte énfasis en la sostenibilidad y la reducción del impacto ambiental a lo largo de su ciclo de vida. Se enfoca en la necesidad de minimizar los residuos generados tanto durante la producción como en la disposición final de los envases, asegurando que su gestión no comprometa la salud humana ni el medio ambiente.

Este artículo establece requisitos específicos para los fabricantes e importadores, como la limitación de ciertos metales pesados en los envases y la obligación de que los envases cumplan con estándares UNE-EN específicos relacionados con la prevención, reutilización, reciclaje y compostaje de envases. Esto sugiere una preferencia por materiales y procesos que faciliten la reutilización y el reciclado de los envases, contribuyendo así a la economía circular.

Además, se introduce la exigencia de que los envases fabricados con plástico no compostable incorporen una cantidad determinada de plástico reciclado, promoviendo la utilización de recursos reciclados y reduciendo la dependencia de materias primas vírgenes. Esta medida es particularmente relevante en el contexto de los crecientes problemas asociados con los residuos plásticos.

La responsabilidad recae en los fabricantes e importadores de demostrar el cumplimiento de estos requisitos mediante documentación acreditativa, que debe estar disponible para las autoridades competentes a pedido. Esto subraya la importancia de la transparencia y la trazabilidad en la cadena de suministro de envases.

En conjunto, el Artículo 12 refleja un compromiso legislativo con prácticas de producción y consumo sostenibles, buscando armonizar los objetivos ambientales con las necesidades de seguridad, higiene y funcionalidad de los envases.

"Artículo 13. Obligaciones de marcado y de información.

1. Sin perjuicio de las normas sobre etiquetado y marcado establecidas en otras disposiciones específicas, los envases podrán marcarse para indicar el material del que está compuesto, de conformidad con las abreviaturas o números regulados en la Decisión 97/129/CE, de la Comisión, de 28 de enero de 1997 por la que se establece el sistema de identificación de materiales de envase de conformidad con la Directiva 94/62/CE del Parlamento Europeo y del Consejo, relativa a los envases y residuos de envases. Dicho marcado será voluntario en tanto no se establezca lo contrario en la normativa de la Unión Europea.

2. Los envases indicarán su condición de reutilizable, y el símbolo asociado al sistema de depósito, devolución y retorno conforme a lo establecido en los artículos 46.8 y 47.7. Asimismo, los envases podrán estar identificados mediante símbolos acreditativos de pertenencia al sistema de responsabilidad ampliada del productor conforme a lo establecido en el artículo 21.4.

Los envases domésticos indicarán la fracción o contenedor en la que deben depositarse dichos residuos de envases. En el caso de envases fabricados por diferentes materiales, si éstos pudieran separarse fácilmente, se indicará la fracción o contenedor donde deberán ser depositados. Cuando no puedan separarse los materiales fácilmente, o en el caso de envases compuestos, se indicará la fracción o contenedor correspondiente al material predominante en peso, salvo que se demuestre que existe una mejor alternativa de recogida que evitase posibles incidencias en el posterior proceso de reciclado, indicándose en este caso el contenedor en que debe depositarse.

3. Se prohíbe el marcado de los envases con las palabras «respetuoso con el medio ambiente», o cualquier otro equivalente que pueda inducir a su abandono en el entorno.

4. Con objeto de mejorar la transparencia y ayudar a la toma de decisiones informadas por parte de los consumidores en relación con la reciclabilidad de los envases, éstos podrán ir marcados con el porcentaje de material del envase, incluido sus componentes, disponible para un reciclado de calidad, siempre que se cumplan los criterios de la definición del artículo 2.u). La información sobre dicho porcentaje solo podrá indicarse si ha sido obtenida a través de una evaluación auditable y certificable por entidades ajenas a los fabricantes del envase y a los propios productores de producto, teniendo en cuenta las características y las tecnologías de recogida, selección y reciclado existentes a escala industrial y con cobertura geográfica suficiente en todo el territorio del Estado para tal fin, en el momento de su puesta en el mercado. Dicho porcentaje deberá ser revisado, al menos, cada cinco años.

Los fabricantes e importadores o adquirientes intracomunitarios de envases vacíos o, en su caso, los importadores o adquirientes intracomunitarios de productos envasados, deberán disponer de los documentos e información que permitan acreditar la información reflejada en los envases en relación con el porcentaje de su reciclabilidad.

5. En el caso de envases de plástico compostable, el etiquetado informará que el envase está certificado según la norma europea UNE EN 13432:2001 «Envases y embalajes. Requisitos de los envases y embalajes valorizables mediante compostaje y biodegradación. Programa de ensayo y criterios de evaluación para la aceptación final del envase o embalaje», así como otros estándares europeos y nacionales sobre compostabilidad de plásticos en condiciones industriales o de biodegradación a través de compostaje doméstico y comunitario, según corresponda."

Fracción o contenedor donde depositar los envases domésticos.

Enelcasodeenvasesfabricadospordiferentesmateriales,siéstospudieransepararsef ácilmente,seindicarálafracciónocontenedordondedeberánserdepositados.

Cuando no puedan separarse los materiales fácilmente, o en el caso de envases compuestos, se indicará la fracción o contenedor correspondiente al material predominante en peso, salvo que se demuestre que existe una mejor alternativa de recogida.

Envases reutilizables y el símbolo asociado al Sistema de Deposito, Devolución y Retorno(SDDR).

Envases compostables en compostaje doméstico o industrial llevarán la indicación "no abandonar en el entorno".

Envases de plástico compostables informarán de la certificación con norma UNE EN 13432:2001 u otro estándar europeo y nacional sobre compostabilidad de plástico en condiciones industriales o de biodegradación através de compostaje doméstico y comunitario.

El Artículo 13 se enfoca en las obligaciones de marcado y de información en los envases, con el objetivo de facilitar la identificación de los materiales utilizados y promover prácticas sostenibles tanto en su uso como en su disposición final. Este enfoque es crucial para mejorar la gestión de residuos y fomentar la economía circular.

El artículo permite el marcado voluntario de los envases para indicar su composición material, siguiendo la Decisión 97/129/CE. Esto puede ser útil para los sistemas de recogida selectiva y reciclaje, ya que permite una separación más efectiva de los materiales.

La obligación de indicar la condición reutilizable de los envases y la pertenencia a sistemas de depósito, devolución y retorno es significativa para fomentar la reutilización y minimizar el consumo de envases de un solo uso. Este tipo de información puede influir en las decisiones de compra de los consumidores hacia opciones más sostenibles.

El artículo también aborda la claridad en el marcado de envases domésticos, guiando a los consumidores sobre dónde deben depositar los residuos de envases para su correcta gestión. La prohibición de marcar los envases con frases como "respetuoso con el medio ambiente" que puedan inducir a su abandono, refuerza la necesidad de evitar mensajes que puedan confundir o engañar a los consumidores sobre el impacto ambiental de los productos.

La posibilidad de marcar los envases con el porcentaje de material reciclable fomenta la transparencia y puede motivar a los fabricantes a diseñar envases más sostenibles. La verificación y certificación de este porcentaje por entidades independientes asegura la fiabilidad de la información proporcionada.

Finalmente, para los envases de plástico compostable, la necesidad de informar sobre su certificación según normas reconocidas ayuda a los consumidores a comprender su adecuado manejo post-consumo, evitando la contaminación en flujos de residuos donde no corresponde.

En conjunto, este artículo destaca la importancia del diseño responsable, el marcado claro y la información precisa en los envases para avanzar hacia sistemas de gestión de residuos más eficientes y sostenibles, involucrando activamente a consumidores y productores en este proceso.

EL MARCADO SERÁ VISIBLE Y FÁCILMENTE LEGIBLE

Envases de plástico indicados en la Ley 7/2022 deberán ir marcados según las especificaciones del reglamento 2020/2151

- Compresas, tampones higiénicos y aplicadores de tampones.
- Toallitas prehumedecidas para higiene personal y para usos domésticos.
- Productos del tabaco con filtros y filtros comercializados para utilizarse en combinación con productos del tabaco.
- Vasos para bebidas.

"Artículo 21. Obligaciones generales de los sistemas de responsabilidad ampliada del productor.

1. Los sistemas individuales y colectivos estarán obligados a cumplir con las obligaciones que los productores les confieran en las materias de organización de la recogida y gestión de sus residuos de envases, cumplimiento de objetivos, y financiación e información, derivadas de la responsabilidad ampliada del productor prevista en este real decreto. En todo caso, estos sistemas:

a) Dispondrán de los recursos financieros o financieros y organizativos necesarios para cumplir sus obligaciones en materia de responsabilidad ampliada del productor, que estarán destinados exclusivamente al cumplimiento de dichas obligaciones.

b) Aplicarán las previsiones que se incorporen en la comunicación y autorización de los sistemas de responsabilidad ampliada del productor, según lo previsto en este real decreto.

c) Celebrarán convenios para financiar y, en su caso, organizar la gestión de los residuos de envases cuando las administraciones públicas intervengan en la organización de la gestión de los residuos.

d) Celebrarán acuerdos con los gestores de residuos autorizados para coordinar la organización de la gestión de los residuos generados por sus productos y la financiación de la misma, evitando prácticas anticompetitivas. Las condiciones de contratación con los gestores de residuos deberán garantizar el cumplimiento de los principios recogidos en el artículo 47.2.c) de la Ley 7/2022, de 8 de abril.

Los acuerdos respetarán las condiciones de las autorizaciones de los gestores. Los datos que los gestores hayan de suministrar a los sistemas serán los previstos en este real decreto, respetando la confidencialidad de la actividad de los gestores según la Ley 15/2007, de 3 de julio, de Defensa de la Competencia.

e) Celebrarán acuerdos, cuando proceda, con otros sistemas de responsabilidad ampliada del productor cuando éstos lleven a cabo la gestión de sus residuos de envases para la compensación económica por las operaciones de gestión que hayan realizado.

f) Establecerán las medidas necesarias para asegurar el cumplimiento de los objetivos del artículo 11.3 y 11.4, así como aquellos otros que se pudieran establecer para la incorporación de materiales reciclados en nuevos envases, facilitando la disponibilidad de los materiales en calidad y cantidad suficientes. Entre otras medidas, deberán destinar parte del PET y otros plásticos recuperados para la fabricación de plástico reciclado, incluido r-PET.

g) Proporcionarán a los gestores de residuos de envases la información prevista en el artículo 13.9 facilitada por los productores de producto.

h) Remitirán antes del 31 de mayo del año siguiente al del periodo de cumplimiento, a todas las comunidades autónomas en las que operen y a la Comisión de Coordinación en materia de residuos el informe anual con el contenido previsto en los apartados a), b) y c) del anexo VII. El informe a remitir a la Comisión de Coordinación incluirá la información relativa a los ámbitos autonómico y estatal.

El informe a remitir a cada comunidad autónoma incluirá los datos territorializados relativos tanto a la puesta en el mercado de los envases, como a la gestión de los residuos de envases recogidos y tratados.

Los residuos de envases y envases usados reutilizados, reciclados y valorizados, así como los eliminados, deberán corresponder con los datos certificados por cada gestor para este fin. Dichos certificados, que deberán estar referidos a los puntos de medición definidos en la metodología de cálculo establecida a nivel de la Unión Europea, se adjuntarán al informe.

La anterior documentación se acompañará de un informe auditado por una entidad independiente acreditada para la verificación de datos que avale la veracidad de los datos proporcionados.

i) Proporcionarán antes del 31 de marzo a cada entidad local con la que haya celebrado convenio, los datos de cada año natural, sobre la gestión de los residuos de envases recogidos y tratados referidos a su ámbito territorial, así como cualquier otra información acordada en el convenio según lo dispuesto en el artículo 33, como por ejemplo la relativa a las caracterizaciones de residuos.

j) Implantarán un mecanismo de autocontrol adecuado para evaluar:

1.º Su gestión financiera, incluido el cumplimiento de los requisitos establecidos en el artículo 23, apoyado por auditorías independientes periódicas, que incluyan estudios de costes e indicadores económicos y de resultado del sistema, tanto a nivel estatal, como desagregado por cada comunidad autónoma.

2.º La calidad de los datos recogidos y comunicados de conformidad con el apartado

h), apoyado por auditorías independientes.

k) Pondrán a disposición del público a través de sus páginas web información actualizada con carácter anual sobre la consecución de los objetivos del sistema en materia de prevención, recogida separada, reutilización, reciclado y valorización, por tipologías y materiales de envase, así como las auditorías previstas en el apartado j) en relación con la gestión financiera y la calidad de los datos.

2. Cuando existan varios sistemas de responsabilidad ampliada del productor para una misma tipología y material de envase, y en caso de que se estime necesario, el Ministerio para la Transición Ecológica y el Reto Demográfico, a propuesta de la Comisión de Coordinación en materia de Residuos, publicará en su página web la resolución del Director General de Calidad y Evaluación Ambiental sobre los objetivos mínimos de recogida separada para el periodo anual de cumplimiento que deberán cumplir cada uno de los sistemas en el ámbito estatal y autonómico.

Estos objetivos se calcularán aplicando la cuota de mercado del año anterior procedente de la sección de envases del Registro de Productores de Producto de cada sistema de responsabilidad ampliada del productor, a los objetivos estatales mínimos de recogida separada.

3. El informe anual de los sistemas de responsabilidad ampliada previsto en el apartado 1.h) será valorado por cada autoridad autonómica competente en su ámbito territorial a través de los instrumentos de seguimiento que consideren oportuno. En el caso del informe referido al ámbito estatal será revisado por el grupo de trabajo de envases de la Comisión de coordinación en materia de residuos.

4. Los sistemas de responsabilidad ampliada del productor sólo podrán organizar la gestión de los residuos de las tipologías y materiales de envases que los productores que se integran en esos sistemas ponen en el mercado y para las que estén autorizados o hayan sido recogidos en su comunicación.

Para ello, los envases incluidos en el sistema de responsabilidad ampliada del productor, si así lo establece el sistema, podrán estar identificados mediante un símbolo acreditativo idéntico en todo el ámbito territorial de dicho sistema. Este símbolo deberá ser claro e inequívoco y no podrá inducir a error a los consumidores o usuarios acerca de la reciclabilidad de los envases.

5. Los sistemas individuales y colectivos de responsabilidad ampliada del productor cuando organicen la gestión de los residuos de envases actuarán como poseedores a los efectos de su consideración como operador de traslado conforme al Real Decreto 553/2020, de 2 de junio, por el que se regula el traslado de residuos en el interior del territorio del Estado."

El Artículo 21 se centra en las obligaciones que deben cumplir los sistemas de responsabilidad ampliada del productor (RAP) tanto individuales como colectivos, en relación con la gestión de los residuos de envases. Este enfoque implica una responsabilidad compartida entre productores y sistemas RAP para garantizar una gestión efectiva y sostenible de los residuos de envases.

Los sistemas RAP deben asegurarse de disponer de los recursos necesarios, tanto financieros como organizativos, dedicados exclusivamente a cumplir con sus obligaciones. Esto incluye la organización de la recogida y gestión de residuos de envases, el cumplimiento de los objetivos establecidos y la financiación e información derivadas de la responsabilidad ampliada del productor.

Además, se establece la necesidad de celebrar convenios y acuerdos con las administraciones públicas y los gestores de residuos autorizados para coordinar la gestión de los residuos de envases y su financiación, garantizando prácticas no anticompetitivas y respetando las condiciones de autorización de los gestores.

Es importante destacar que los sistemas RAP deben establecer medidas para asegurar el cumplimiento de los objetivos específicos relacionados con la incorporación de materiales reciclados en nuevos envases, como parte de las estrategias para promover la economía circular.

El artículo también aborda la necesidad de proporcionar información y documentación que acredite el cumplimiento de las obligaciones, así como de realizar informes anuales sobre la gestión de residuos de envases y su impacto. Estos informes deben ser auditados por entidades independientes para garantizar su veracidad y deben estar disponibles para las autoridades competentes y el público.

En resumen, este artículo refleja la importancia de una gestión responsable y transparente de los residuos de envases, mediante la cooperación entre productores, sistemas RAP, administraciones públicas y gestores de residuos, para avanzar hacia objetivos de sostenibilidad y economía circular.

Material del que está compuesto el envase (esto podría ser obligatorio con la entrada en vigor del nuevo Reglamento Europeo).

Cantidad material reciclado: se deberá disponer de la documentación que lo acredite bajo norma UNE-EN 15343:2008.

Reciclabilidad del envase:

- Se debe haber auditado y certificado por entidad ajena al fabricante del envase o a los propios productores de producto.
- Debe tener en cuenta el proceso de gestión a escala industrial en todo el territorio Español.
- Se deberá revisar cada 5 años.

Símbolo acreditativo del SCRAP: Símbolo de Punto Verde. (Aplica desde entrada en vigor del RD)

Prohibición (enero 2025)
Palabras como **«respetuoso con el medio ambiente»,** o cualquier otro equivalente que pueda inducir a su abandono en el entorno.

4. RECICLADO

4.1. Contenido Material Reciclado

Objetivos aspiracionales: Para el año 2025, se busca que los envases de plástico PET incorporen al menos un 25% de material reciclado, conocido como rPET, en su composición. Este objetivo se aplica a todos los envases hechos de este material específico, con el fin de promover la reutilización de los plásticos y reducir la dependencia de recursos vírgenes.

En cuanto a los envases fabricados con otros tipos de plástico distintos del PET, se establece la meta de que contengan un 20% de plástico reciclado para el mismo año. Esta medida pretende extender las prácticas de sostenibilidad a una gama más amplia de productos plásticos, más allá de los envases de PET.

Mirando hacia el futuro, para 2030, el objetivo es aún más ambicioso: se espera que todos los envases de plástico, sin importar su tipo, incluyan un 30% de material reciclado en su composición. Esto refleja un compromiso creciente con la economía circular, donde los materiales se mantienen en uso el mayor tiempo posible.

Además, se enfatiza que para 2030, los envases de plástico que no sean compostables deben estar hechos de material reciclable. Esto asegura que, al final de su vida útil, estos envases puedan reintegrarse en el ciclo de producción como recursos valiosos, cerrando así el bucle y minimizando el impacto ambiental.

Estas metas no solo contribuyen a la reducción de residuos y la conservación de recursos naturales, sino que también impulsan la innovación en el diseño y producción de envases, fomentando un cambio hacia prácticas más sostenibles en la industria.

OBJETIVOS ASPIRACIONALES

- **Se tratará** que los envases de plástico no fabricados con plástico compostable que se pongan en el mercado, tengan los siguientes contenidos de plástico reciclado (como media de todos los envases que un productor introduzca en el mercado).

- **2025:**

-25% rPETpara envases de PET

-20% rPlasticoresto envases a excepción del PET

- **2030:**

-30% rPlástico todos los envases de plástico

- Se tratará que ciertas tipologías de envases fabricados con plásticono compostableen 2030contengan material reciclado:

Art. 11 RD 1055/22

Objetivos vinculantes: Articulo 57 de la Ley 7/2022, de 8 de abril, de residuos y suelos contaminados para una economía circular.

"Artículo 57. Requisitos de diseño para recipientes de plástico para bebidas.

1. A partir del 3 de julio de 2024, solo se podrán introducir en el mercado los productos de plástico de un solo uso enumerados en la parte C del anexo IV cuyas tapas y tapones permanezcan unidos al recipiente durante la fase de utilización prevista de dicho producto. A estos efectos, las tapas y tapones de metal con sellos de plástico no se considerarán de plástico.

Se considerará que los productos anteriores cumplen con lo establecido en este apartado si son fabricados conforme a las normas armonizadas que se adopten a nivel de la Unión Europea a tal efecto.

2. A partir de 1 de enero de 2025, solo podrán introducirse en el mercado las botellas de tereftalato de polietileno (en adelante «botellas PET») mencionadas en el apartado E del anexo IV, que contengan al menos un 25% de plástico reciclado, calculado como una media de todas las botellas PET introducidas en el mercado.

3. A partir de 1 de enero de 2030, solo podrán introducirse en el mercado las botellas mencionadas en el apartado E del anexo IV que contengan al menos un 30% de plástico reciclado, calculado como una media de todas esas botellas introducidas en el mercado.

4. Los sistemas constituidos para dar cumplimiento a las obligaciones establecidas en el marco de la responsabilidad ampliada del productor en materia de envases y residuos de envases establecerán medidas para asegurar el cumplimiento de estos objetivos, facilitando la disponibilidad de los materiales en calidad y cantidad suficientes.

Entre otras medidas, se deberá destinar parte del PET recuperado a la fabricación de PET reciclado, al objeto de dar cumplimiento a los objetivos establecidos en este artículo y otros que pudieran establecerse en desarrollo reglamentario para otros envases.

5. Las botellas de plástico mencionadas en los apartados 2 y 3 podrán contener información sobre el porcentaje de plástico reciclado que contienen.

6. La Comisión de coordinación en materia de residuos podrá abordar en el seno del correspondiente grupo de trabajo, el establecimiento de las medidas necesarias para la consecución de los objetivos previstos en este artículo y valorará impulsar el desarrollo de un mercado secundario de PET reciclado en España."

El Artículo 57 de la Ley 7/2022 aborda directrices claras en cuanto al diseño y composición de recipientes de plástico para bebidas, con el fin de reducir su impacto ambiental. A partir del 3 de julio de 2024, se establece que las tapas y tapones de estos productos deben permanecer unidos al recipiente para evitar su pérdida y la consiguiente contaminación. Esta medida se alinea con esfuerzos para minimizar la basura dispersa y facilitar el reciclaje.

Además, el artículo especifica objetivos progresivos para la inclusión de material reciclado en botellas de PET, con un mínimo del 25% para 2025 y un 30% para 2030. Estos objetivos subrayan el compromiso con la incorporación de prácticas de economía circular en la producción de envases, promoviendo el uso de materiales reciclados para disminuir la dependencia de recursos vírgenes y reducir la huella ambiental de los envases de plástico.

Los sistemas de responsabilidad ampliada del productor desempeñan un papel crucial en asegurar el cumplimiento de estos objetivos, implementando medidas que garanticen la disponibilidad y calidad del material reciclado necesario. Este enfoque no solo impulsa el reciclaje y la reutilización de PET, sino que también fomenta el desarrollo de un mercado secundario de PET reciclado en España, potenciando la industria del reciclaje y la sostenibilidad en el país.

Este artículo refleja un enfoque integral hacia la gestión de envases plásticos, abordando tanto el diseño del producto como la necesidad de mejorar la infraestructura de reciclaje y el mercado para los materiales reciclados, lo cual es esencial para avanzar hacia un modelo más sostenible y responsable en la producción y consumo de envases de plástico.

4.2. ECODISEÑO Y PREVENCIÓN

" Art. 12 RD 1055/22

Los envases deberán diseñarse de manera que a lo largo de todo su ciclo de vida se reduzca su impacto ambiental y la generación de residuos.

Las medidas de diseño que se adopten para el cumplimiento de los objetivos previstos en el Real Decreto no comprometerán las funciones esenciales del envase, ni los niveles de seguridad e higiene necesarios para el producto envasado y el consumidor.

La cantidad de plástico reciclado contenida en los productos deberá ser certificada mediante una entidad acreditada para emitir certificación al amparo de la norma UNE-EN 15343:2008. En el supuesto de plástico reciclado químicamente, dicha cantidad se acreditará mediante el certificado emitido por la correspondiente entidad acreditada o habilitada a tales efectos."

"Planes empresariales

Art. 18 RD 1055/22

Artículo 18. Planes empresariales de prevención y ecodiseño.

1. Estarán obligados a aplicar un plan empresarial de prevención y ecodiseño con carácter quinquenal, los productores de productos que, a lo largo de un año natural, introduzcan en el mercado una cantidad de envases igual o superior a las siguientes cantidades:

– 250 toneladas, si se trata exclusivamente de vidrio,

– 50 toneladas, si se trata exclusivamente de acero,

– 30 toneladas, si se trata exclusivamente de aluminio,

– 20 toneladas, si se trata exclusivamente de plástico,

– 20 toneladas, si se trata exclusivamente de madera,

– 15 toneladas, si se trata exclusivamente de cartón o materiales compuestos.

– 300 toneladas, si se trata de varios materiales y cada uno de ellos no supera, de forma individual, las anteriores cantidades.

Los productores de producto tendrán que aplicar estos planes a partir del año siguiente en el que superen estos umbrales.

2. Estos planes empresariales de prevención y ecodiseño tendrán en cuenta las determinaciones contenidas en los distintos instrumentos de prevención de residuos de envases. Asimismo, incluirán un resumen del grado de consecución de objetivos de los planes anteriores, así como los nuevos objetivos de prevención cuantificados, las medidas previstas para alcanzarlos y los mecanismos de control para comprobar su cumplimiento, que incluirán al menos, la siguiente información diferenciada por envases primarios, secundarios y terciarios:

a) El aumento de la proporción de la cantidad de envases reutilizables en relación con la cantidad de envases de un solo uso.

b) El aumento de la proporción de la cantidad de envases reciclables en relación con la cantidad de envases no reciclables.

c) La mejora de las propiedades físicas y de las características de los envases, o el cambio hacia la utilización de este tipo de envases, que les permitan bien soportar mayor número de rotaciones, en caso de su reutilización en condiciones de uso normalmente previsibles, o bien mejorar su reciclabilidad.

d) La mejora de las propiedades físicas y de la composición química de los envases de cara a reducir la nocividad y peligrosidad de los materiales contenidos en ellos y a minimizar los impactos ambientales de las operaciones de gestión de los residuos a que den lugar.

e) La disminución en peso del material empleado por unidad de envase, especialmente los de un solo uso, hasta los límites que permitan su viabilidad, sin comprometer la reciclabilidad del envase.

f) La reducción, respecto del año precedente, del peso total de los envases de cada material puestos en el mercado, especialmente los de un solo uso, en relación con los productos puestos en el mercado por los productores de producto.

g) La no utilización de envases superfluos y de envases de un tamaño o peso superior al promedio estadístico de otros envases similares.

h) La utilización de envases cuya relación entre el continente y el contenido, en peso, sea más favorable que la media, tomando en consideración cada uno de los materiales.

i) La incorporación de materias primas secundarias, procedentes del reciclaje de residuos de envases, en la fabricación de nuevos envases hasta los porcentajes técnica y económicamente viables y que, al mismo tiempo, permitan cumplir los requisitos básicos sobre la composición y naturaleza de los envases reutilizables y valorizables, incluidos los reciclables, establecidos en el anexo III.

3. Los planes empresariales de prevención y ecodiseño podrán elaborarse de forma individual por los productores de producto, o por los sistemas colectivos de responsabilidad ampliada del productor en los que participen. En este último caso, se deberá respetar lo siguiente:

a) Será responsable de la elaboración y seguimiento de estos planes empresariales de prevención y ecodiseño el sistema colectivo de responsabilidad ampliada del productor, si bien la ejecución y la responsabilidad última sobre su cumplimiento corresponderá en todo caso a los productores que resulten obligados de acuerdo con lo establecido en este artículo.

b) Los planes empresariales de prevención y ecodiseño podrán estar referidos a un sector de producción o envasado.

c) Los productores de producto deberán seleccionar las medidas incluidas en el Plan o Planes a las que darían cumplimiento, e informar de ello al sistema colectivo responsable de la elaboración del Plan. Anualmente, deberán remitir información sobre el grado de cumplimiento de estas medidas al sistema colectivo. Toda esta información estará a disposición de las autoridades competentes a los efectos de seguimiento, inspección y control.

4. Los productores de productos que hayan optado por la elaboración de un plan individual, remitirán un informe, en el plazo de tres meses tras la finalización del plan, a la comunidad autónoma donde tengan la sede social.

En el caso de los planes de prevención elaborados por los sistemas colectivos, el informe será remitido en el plazo de tres meses tras la finalización del plan, a la comunidad autónoma donde tengan la sede social, la cual lo remitirá al resto de comunidades autónomas.

El informe deberá dar cuenta del grado de cumplimiento de las medidas de prevención incluidas en el mismo, y en caso de los informes presentados por el sistema colectivo, se identificará a los productores incluidos en el ámbito de aplicación del Plan.

Los productores de productos o los sistemas colectivos pondrán a disposición del público estos informes, salvaguardando en su caso, aquella información de carácter confidencial relevante para la actividad productiva o comercial de los productores de producto.

Estos informes permitirán comprobar el cumplimiento de la obligación establecida en el artículo 17.1.d)."

El Artículo 18 del RD 1055/22 establece la obligación para ciertos productores de implementar planes empresariales de prevención y ecodiseño cada cinco años, según las cantidades de envases de diferentes materiales que introducen en el mercado. Este enfoque se centra en reducir el impacto ambiental de los envases a través de prácticas de ecodiseño y prevención de residuos, promoviendo el uso de envases reutilizables y reciclables, y mejorando sus propiedades para soportar más usos o ser más fácilmente reciclables.

Los planes deben incluir un resumen del cumplimiento de objetivos anteriores y establecer nuevos objetivos cuantificados y medidas para alcanzarlos, garantizando así un enfoque proactivo y continuo hacia la sostenibilidad. Además, se establecen criterios específicos como la reducción del peso de los envases, la no utilización de envases superfluos y la incorporación de materias primas secundarias en su fabricación.

Este artículo refleja un compromiso con la economía circular, fomentando que los productores asuman una mayor responsabilidad en la gestión del ciclo de vida de los envases y contribuyan activamente a la reducción del impacto ambiental de sus productos. La implementación de estos planes puede impulsar la innovación en el diseño de envases y promover prácticas más sostenibles en la industria.

4.2.1. Responsabilidad Ampliada del Productor - Obligaciones de comerciantes y distribuidores para envases domésticos, comerciales e industriales

(Art.30, 37 ,43 y 17 RD 1055/22)

"Artículo 30. Obligaciones de comerciantes y distribuidores de productos envasados.

Los comerciantes o distribuidores de productos envasados que realicen tanto venta presencial como a distancia deberán:

a) Comercializar productos envasados procedentes de productores que dispongan del número de identificación del productor del Registro de Productores de Productos.

b) Participar en los sistemas de depósito, devolución y retorno que se establezcan para los envases de un solo uso, en las condiciones que se establezcan en los acuerdos con los sistemas de responsabilidad ampliada del productor.

A estos efectos, podrá supeditar la aceptación de los envases o residuos de envases, al cumplimiento de las condiciones de conservación y limpieza establecidas por los sistemas de responsabilidad ampliada del productor, que figurarán de forma visible en los puntos de venta. Estas condiciones deberán ser proporcionadas, evitando, en todo caso, desincentivar el retorno de los envases.

c) Colaborar en la recogida separada de determinados residuos de envases, cuando así lo prevea el sistema de gestión organizado por el productor, o en el que participe.

d) Dar cumplimiento a lo dispuesto en el artículo 7.2.

e) Separar por materiales los residuos de envases que queden en su posesión, tras el consumo de los productos, y entregarlos a gestores autorizados o, en su caso, a la entidad local, de conformidad con lo que se establezca en las ordenanzas de las entidades locales.

f) Proporcionar información a los sistemas individuales o colectivos acerca de los productos envasados pertenecientes a estos sistemas, que hayan sido efectivamente comercializados en el mercado español en cada año natural, siempre que sea estrictamente necesario para dar cumplimiento a las obligaciones de información en materia de envases del artículo 16.

En esos casos los sistemas habilitarán una metodología de reporte sencilla para facilitar su cumplimiento."

El Artículo 30 establece una serie de obligaciones específicas para comerciantes y distribuidores de productos envasados, tanto para ventas presenciales como a distancia. Estas obligaciones están diseñadas para asegurar que los productos envasados comercializados provengan de productores registrados, promoviendo así la responsabilidad y trazabilidad en la cadena de suministro.

Una de las claves de este artículo es la participación de comerciantes y distribuidores en sistemas de depósito, devolución y retorno para envases de un solo uso, lo que implica un esfuerzo colaborativo para reducir los residuos de envases y promover su reutilización o reciclaje. Este sistema implica también la adopción de estándares de conservación y limpieza de los envases devueltos, fomentando prácticas sostenibles entre los consumidores.

Además, se requiere la colaboración en la recogida separada de residuos de envases, enfatizando la importancia de la separación de residuos para facilitar su gestión adecuada. Esto se alinea con las estrategias de gestión de residuos para mejorar la eficiencia del reciclaje y minimizar el impacto ambiental.

Los comerciantes y distribuidores también tienen la obligación de separar los residuos de envases por materiales y entregarlos a gestores autorizados, contribuyendo a la cadena de reciclaje y valorización de estos materiales.

Por último, el artículo menciona la obligación de proporcionar información a los sistemas de responsabilidad ampliada del productor sobre los productos envasados comercializados, lo cual es esencial para monitorear y mejorar las prácticas de sostenibilidad en la comercialización de productos envasados.

En resumen, este artículo refleja un enfoque integral para involucrar a los comerciantes y distribuidores en la responsabilidad ambiental, promoviendo la transparencia, la trazabilidad y la sostenibilidad en el manejo de envases y residuos de envases.

"Artículo 37. Obligaciones de los distribuidores de productos envasados.

Además de las obligaciones que les pudieran corresponder como productores conforme al artículo anterior, los distribuidores de productos envasados en envases comerciales deberán:

a) Comercializar productos envasados procedentes de productores que dispongan del número de identificación del productor del Registro de

Productores de Productos.

b) Participar en los sistemas de depósito, devolución y retorno que se establezcan voluntariamente para los envases de un solo uso, en las condiciones que se determinen en los acuerdos con los sistemas de responsabilidad ampliada del productor.

A tal fin, podrán supeditar la aceptación de los residuos de envases, al cumplimiento de las condiciones de conservación y limpieza establecidas por los sistemas de responsabilidad ampliada del productor. Estas condiciones deberán ser proporcionadas, evitando, en todo caso, desincentivar el retorno de los envases.

c) Colaborar en la recogida separada de determinados residuos de envases, cuando así lo prevea el sistema de gestión organizado por el productor, o en el que participe.

d) Cumplir con las obligaciones recogidas en los apartados 2 y 3 del artículo 38, respecto de aquellos residuos de envases comerciales de los que sean poseedores finales.

e) Proporcionar información a los sistemas individuales o colectivos acerca de los productos envasados pertenecientes a estos sistemas, que hayan sido efectivamente comercializados en el mercado español en cada año natural, para dar cumplimiento a las obligaciones de información en materia de envases del artículo 16."

El Artículo 37 establece obligaciones adicionales para los distribuidores de productos envasados, más allá de las responsabilidades que puedan tener como productores. Estas obligaciones se centran en garantizar la trazabilidad y responsabilidad en la cadena de suministro de envases y en promover la participación activa en sistemas de economía circular.

Primero, se exige que los distribuidores comercialicen solo productos de productores registrados, asegurando que todos los participantes en la cadena de suministro cumplen con los estándares establecidos. La participación en sistemas de depósito, devolución y retorno para envases de un solo uso subraya el compromiso con la reducción de residuos y el fomento de la reutilización y el reciclaje de envases.

La colaboración en la recogida separada de residuos de envases refuerza la importancia de una gestión de residuos eficiente y efectiva, contribuyendo a una mejor separación de materiales y facilitando su reciclaje. Además, se establecen obligaciones específicas para la gestión de residuos de envases comerciales, garantizando que los distribuidores asuman su parte de responsabilidad en la correcta disposición de estos materiales.

Por último, la obligación de proporcionar información sobre los productos envasados comercializados apoya la transparencia y la rendición de cuentas, permitiendo un mejor seguimiento y evaluación del cumplimiento de las obligaciones en materia de envases.

En conjunto, estas obligaciones reflejan un enfoque integral para involucrar a los distribuidores en la gestión sostenible de envases, promoviendo prácticas que apoyan la economía circular y la sostenibilidad ambiental.

"Artículo 43. Obligaciones de los distribuidores de productos envasados.

Los comerciantes o distribuidores de productos envasados que realicen tanto venta presencial como a distancia deberán:

a) Comercializar productos envasados procedentes de productores que dispongan del número de identificación del productor del Registro de Productores de Productos.

b) Participar en los sistemas de depósito, devolución y retorno que se establezcan para los envases de un solo uso, en las condiciones que se establezcan en los acuerdos con los sistemas de responsabilidad ampliada del productor.

A tal fin, podrán supeditar la aceptación de residuos de envases, al cumplimiento de las condiciones de conservación y limpieza establecidas por los sistemas de responsabilidad ampliada del productor. Estas condiciones deberán ser proporcionadas, evitando, en todo caso, desincentivar el retorno de los envases.

c) Colaborar en la recogida separada de determinados residuos de envases, cuando así lo prevea el sistema de gestión organizado por el productor, o en el que participe.

d) Cumplir con las obligaciones recogidas en los apartados 2 y 3 del artículo 44, respecto de aquellos residuos de envases industriales de los que sean poseedores finales.

e) Proporcionar información a los sistemas individuales o colectivos acerca de los productos envasados pertenecientes a estos sistemas que hayan sido efectivamente comercializados en el mercado español en cada año natural, para dar cumplimiento a las obligaciones de información en materia de envases del artículo 16."

El Artículo 43 impone una serie de obligaciones a los comerciantes y distribuidores de productos envasados, tanto para las ventas presenciales como a distancia, con el objetivo de fomentar prácticas sostenibles y responsables en la gestión de envases.

Primero, se exige que solo comercialicen productos de productores registrados, asegurando la trazabilidad y responsabilidad en la cadena de suministro. Esta medida es esencial para garantizar que todos los envases provienen de fuentes confiables y cumplen con los estándares establecidos.

La participación en sistemas de depósito, devolución y retorno para envases de un solo uso refleja un compromiso con la reducción de residuos y la promoción de la reutilización y reciclaje de envases. La condición de que los residuos de envases aceptados cumplan con ciertas condiciones de conservación y limpieza busca mantener la calidad de los materiales para su posterior reutilización o reciclaje.

La colaboración en la recogida separada de residuos de envases subraya la importancia de una gestión eficiente de residuos, contribuyendo a una mejor separación de materiales y facilitando su reciclaje. Además, se establecen obligaciones específicas para la gestión de residuos de envases industriales, garantizando que los distribuidores asuman su responsabilidad en la correcta disposición de estos materiales.

Por último, la obligación de proporcionar información sobre los productos envasados comercializados apoya la transparencia y permite un mejor seguimiento y evaluación del cumplimiento de las obligaciones en materia de envases.

En conjunto, estas obligaciones demuestran un enfoque integral para involucrar a los comerciantes y distribuidores en la gestión sostenible de envases, promoviendo prácticas que apoyan la economía circular y la sostenibilidad ambiental.

Los comerciantes y distribuidores de productos envasados que realicen venta presencial y/o a distancia deberán:

- Comercializar productos procedentes de productores que dispongan de número de registro de productores.
- Participar de los sistemas SDDR que se establezcan.
- Colaborar en la recogida separada de determinados residuos de envases según el SRAP en el que participe.
- Separar por materiales los residuos de envases que queden en su posesión y entregarlo como corresponda.
- Proporcionar información a los sistemas RAP acerca de los productos envasados que hayan sido comercializados.

"Régimen de responsabilidad ampliada del productor

Sección 1.ª Obligaciones generales del productor

"Artículo 17. Obligaciones generales del productor del producto.

1. Además de las obligaciones recogidas en los artículos anteriores que le pudieran corresponder, el productor del producto estará obligado a:

a) Elaborar y aplicar planes empresariales de prevención y ecodiseño de conformidad con el artículo 18, con el objetivo de reducir el uso de recursos no renovables, aumentar el uso de materiales reciclados y la reciclabilidad de sus productos.

b) Poner en el mercado los envases o, en su caso, los productos envasados cumpliendo los requisitos de fabricación, diseño, marcado e información, previstos en este real decreto y en las restantes normas que les resulten de aplicación.

c) Recabar de los fabricantes e importadores o adquirientes intracomunitarios de envases vacíos la información prevista en el artículo 13.9, poniéndola a disposición de los gestores de residuos de envases a través de los sistemas de responsabilidad ampliada del productor.

d) Adoptar las medidas necesarias para contribuir al cumplimiento de los objetivos de prevención y reutilización, fijados en los artículos 6 y 8.

Para ello, los productores tratarán de respetar las proporciones de envases reutilizables en promedio considerando todos sus productos, independientemente del formato y el material del envase utilizado, o del consumidor, cliente o usuario final al que están destinados estos productos. Las medidas que se adopten para el cumplimiento de estos objetivos no comprometerán los requisitos del artículo 12.1.

e) Alcanzar, como mínimo, los objetivos de reciclado fijados en el artículo 10.

f) Establecer sistemas de depósito, devolución y retorno, en el caso de la puesta en el mercado de envases reutilizables para garantizar su recuperación a través de toda la cadena de distribución, incluido, en su caso, el consumidor final, y organizar y financiar la gestión de los envases reutilizables al final de su vida útil, de conformidad con lo establecido en el artículo 46.

g) En los casos regulados en los artículos 47 y 48, establecer un sistema de depósito, devolución y retorno para garantizar la recuperación a través de toda la cadena de distribución, incluido, en su caso, el consumidor final, y organizar y financiar la gestión de los residuos.

h) Financiar y organizar, total o parcialmente, la recogida y tratamiento de los residuos de envases de un solo uso, conforme a lo dispuesto en los artículos 34, 40 y 45, según la categoría de envase.

i) Velar por que los sistemas de responsabilidad ampliada del productor en los que participen cumplan con los requisitos previstos en este real decreto y que disponen de medios económicos suficientes para cumplir con sus obligaciones de financiación, recogida y tratamiento de los residuos generados por sus productos en el ámbito territorial del sistema.

j) Proporcionar a los sistemas colectivos de responsabilidad ampliada del productor antes del día 28 de febrero del año siguiente, la información necesaria para que el sistema pueda dar cumplimiento a sus obligaciones de información previstas en este real decreto.

k) Respetar los principios de protección de la salud humana, de los consumidores, del medio ambiente y la aplicación de la jerarquía de residuos, en relación con la puesta en el mercado de envases y productos envasados y con la gestión de sus residuos.

2. Los productores de productos que estén establecidos en otro Estado miembro o en terceros países y que comercialicen productos en España, deberán designar a una persona física o jurídica en territorio español como representante autorizado a efectos del cumplimiento de las obligaciones del productor del producto.

A efectos del seguimiento y la comprobación del cumplimiento de las obligaciones del productor del producto en relación con la responsabilidad ampliada del productor, las personas físicas o jurídicas designadas como representantes autorizados deberán disponer de la documentación acreditativa de la representación.

En el caso de que los productores de producto no hayan designado un representante autorizado en España, el primer distribuidor o comerciante del producto envasado con sede en España será, subsidiariamente, el sujeto responsable de las obligaciones establecidas para los productores de producto.

3. Los productores cumplirán con las obligaciones establecidas en las letras e), f), g) y h) del apartado 1 de este artículo a través de la constitución de los correspondientes sistemas individuales o colectivos de responsabilidad ampliada del productor.

En el caso de los envases domésticos de un solo uso, los productores no podrán optar por una combinación de varios sistemas de responsabilidad ampliada cuando introduzcan en el mercado el mismo producto en envases primarios y secundarios del mismo material.

En el caso de los envases comerciales e industriales de un solo uso, los productores no podrán optar por una combinación de varios sistemas de responsabilidad ampliada cuando introduzcan en el mercado el mismo producto en envases del mismo material, salvo que el producto esté envasado en envases primarios y destinado a distintas actividades económicas.

En el caso de un mismo producto puesto en el mercado en envase reutilizable de la misma categoría (doméstico, comercial e industrial) y material, los productores podrán optar por una combinación de varios sistemas de responsabilidad ampliada, siempre que se garantice la trazabilidad y pertenencia de estos envases a cada uno de los sistemas de depósito, devolución y retorno a través de los cuales se hayan puesto en el mercado.

Al resto de las obligaciones de los productores de producto se dará cumplimiento de forma individual.

4. El productor de producto que abandone un sistema colectivo de responsabilidad ampliada deberá informar al sistema de origen, al nuevo sistema en el que se integra o que constituye, y al Registro de Productores de Productos, antes del último trimestre del año.

En todo caso, el cambio de un sistema de responsabilidad a otro estará condicionado a la acreditación por parte del productor de hallarse al corriente de las obligaciones financieras asumidas con el sistema de responsabilidad ampliada del productor de origen.

El cambio de un sistema de responsabilidad a otro supone que el nuevo sistema asume íntegramente las obligaciones del productor derivadas de la puesta en el mercado de envases en el siguiente año.

5. Para los envases de transporte empleados en la venta a distancia facilitados por las empresas de mensajería o paquetería, serán estas empresas las que, en nombre de los productores de producto, cumplan con las obligaciones financieras y de información, así como organizativas cuando proceda, reguladas en este real decreto.

De igual forma, para los envases de transporte empleados en la venta a distancia a través de las plataformas de comercio electrónico, cuando éstas faciliten a un tercero la comercialización de sus productos envasados, serán estas plataformas las que, en nombre de los productores de producto, cumplan con las obligaciones financieras y de información, así como organizativas cuando proceda, reguladas en este real decreto."

El Artículo 17 establece una amplia gama de responsabilidades para los productores de productos envasados, con el objetivo de promover prácticas sostenibles y responsables en todo el ciclo de vida de los envases. Este enfoque multidimensional refleja un compromiso serio con la reducción del impacto ambiental de los envases, la promoción de la economía circular y la protección de la salud humana y el medio ambiente.

Primero, se requiere que los productores desarrollen y apliquen planes de prevención y ecodiseño, enfocados en reducir el uso de recursos no renovables y aumentar la reciclabilidad y el contenido de material reciclado en sus productos. Esto subraya la importancia de considerar el impacto ambiental desde la fase de diseño de los productos.

Además, se establecen claras obligaciones en cuanto a cumplir con los estándares de fabricación, diseño, marcado e información, garantizando que los envases y productos envasados cumplan con todas las regulaciones aplicables. Esto incluye recabar información esencial de los fabricantes e importadores de envases, asegurando la trazabilidad y la responsabilidad en la gestión de envases.

Los productores también deben adoptar medidas para contribuir al cumplimiento de objetivos específicos de prevención y reutilización, respetando proporciones establecidas de envases reutilizables y asegurando la reciclabilidad de sus productos. Esto implica un enfoque activo y continuo hacia la mejora de las prácticas de sostenibilidad.

Se resalta la necesidad de establecer sistemas de depósito, devolución y retorno para envases reutilizables, así como financiar y organizar la gestión de los residuos de envases de un solo uso, destacando la responsabilidad de los productores en la gestión eficiente y efectiva de los envases a lo largo de toda la cadena de distribución.

Por último, el artículo menciona la obligación de los productores de proporcionar información necesaria a los sistemas colectivos de responsabilidad ampliada del productor, y establece condiciones para el cambio de sistemas de responsabilidad ampliada, asegurando la continuidad y efectividad en el cumplimiento de las obligaciones ambientales.

Este enfoque integral refleja un esfuerzo significativo por parte de la legislación para asegurar que los productores asuman una responsabilidad plena en la reducción del impacto ambiental de sus productos envasados, promoviendo prácticas que favorezcan la sostenibilidad y la protección del medio ambiente.

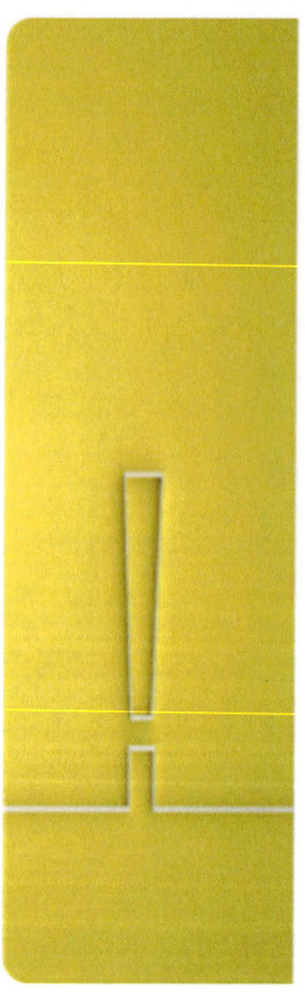

Responsabilidad Ampliada del Productor (Art.17 RD 1055/22)

1.- Elaborar y aplicar planes de empresariales de prevención y ecodiseño.

2.- Poner en el mercado los envases cumpliendo con los requisitos de fabricación, diseño, marcado e información previstos en el RD.

3.- Recabar información de fabricantes e importadores o adquirientes intracomunitarios de envases vacíos que utilicen para suministrarla al SCRAP afectado.

4.- Tomar medidas para contribuir al cumplimiento de los objetivos de prevención y reutilización.

5.- Velar por que los SCRAPsen los que participen cumplan con los requisitos previstos en la norma y tienen medios financieros suficientes para cumplir con sus obligaciones de financiación, recogida y tratamiento de los residuos generados.

6.- Informar a los SCRAPsantes del 28 de febrero del año siguiente los datos de los envases puestos en el mercado que sean necesarios.

7.- Identificar en las facturas que emitan los productores, la contribución efectuada a los SCRAPs. Se distinguirá claramente del resto de conceptos que integren la factura, no incluyéndose en el precio unitario. (art 23.5).

Resumen

El Artículo 7 del Real Decreto 1055/22 junto con el Artículo 55 de la Ley 7/2022 establecen un marco para la prevención y reducción del uso de envases y productos de plástico de un solo uso, respectivamente. El Artículo 7 enfatiza la adopción de medidas por parte de las administraciones públicas y los agentes económicos para mejorar el diseño, fabricación, distribución, y consumo de envases, promoviendo prácticas como el uso de fuentes de agua potable y la eliminación de envases superfluos. También destaca la importancia de la proporcionalidad, la no discriminación y la coherencia con el Derecho de la Unión Europea en la implementación de estas medidas, y sugiere la utilización de estudios de ciclo de vida y análisis coste-beneficio ambiental para evaluar su viabilidad.

En particular, se promueve la venta a granel de ciertos productos en comercios minoristas y se establecen obligaciones específicas para informar a los consumidores sobre los impactos ambientales de los envases y la gestión de sus residuos. Además, se incentiva el acceso a agua no envasada en el sector de la hostelería y se requiere que los promotores de eventos ofrezcan alternativas a los envases de un solo uso.

Por otro lado, el Artículo 55 de la Ley 7/2022 especifica objetivos concretos para la reducción del consumo de productos de plástico de un solo uso, con metas establecidas para 2026 y 2030. Se fomenta el uso de alternativas reutilizables y se impone la obligación de cobrar por los productos de plástico de un solo uso entregados a los consumidores. Además, se presta atención a los productos con alta tendencia a convertirse en basura dispersa y se busca reducir el consumo de ciertos productos de plástico no compostables mediante la sustitución por materiales más sostenibles.

Ambos artículos reflejan un enfoque integral y detallado para promover la sostenibilidad y la economía circular en la gestión de envases y productos de plástico, apuntando a una reducción significativa de su impacto ambiental.

El Real Decreto 1055/22, establece las medidas de prevención, reutilización, marcado, e información de envases, además de las obligaciones generales de los sistemas de responsabilidad ampliada del productor (RAP).

1. **Medidas de Prevención (Art. 7)**: Establece acciones para reducir el impacto ambiental de los envases, como promover el consumo de agua potable en espacios públicos, evitar envases superfluos, y adaptar el comercio minorista de alimentación para ofrecer productos a granel o en envases reutilizables. Se enfatiza la importancia de que estas medidas sean no discriminatorias, proporcionadas y en conformidad con el Derecho de la Unión Europea.

2. **Objetivos de Reutilización (Art. 8)**: Define metas específicas para incrementar la proporción de envases reutilizables en el mercado, particularmente para distintas categorías de bebidas tanto en el sector HORECA como en el canal doméstico, estableciendo objetivos progresivos para 2025, 2030, y 2035. Los envases reutilizables deben ser reciclables al final de su vida útil.

3. **Medidas de Reutilización para Comercios Minoristas de Alimentación (Art. 9)**: Promueve la aceptación de recipientes reutilizables por parte de los consumidores en establecimientos de alimentación y establece requisitos para la disponibilidad y el servicio de retorno de envases reutilizables, dependiendo del tamaño del comercio.

4. **Obligaciones de Diseño y Marcado de Envases (Art. 12)**: Detalla los requisitos de diseño para reducir el impacto ambiental de los envases y establece normas para el marcado que indiquen la composición material, la condición reutilizable, y la pertenencia a sistemas de depósito, devolución y retorno. Prohíbe mensajes que puedan inducir al abandono de envases en el entorno.

5. **Obligaciones Generales de los Sistemas de RAP (Art. 21)**: Subraya la responsabilidad de los sistemas RAP de cumplir con las obligaciones asignadas en la gestión de residuos de envases, incluyendo la necesidad de recursos adecuados, la celebración de convenios y acuerdos, y el cumplimiento de los objetivos de reciclaje y reutilización. También se menciona la importancia de la transparencia a través de informes anuales y auditorías independientes.

En conjunto, estos artículos reflejan un enfoque integral para la gestión de envases y residuos de envases, promoviendo la sostenibilidad, la reutilización, y la economía circular, mientras se asegura la transparencia y la cooperación entre los distintos actores involucrados.

Para 2025, se establecen objetivos aspiracionales para aumentar el contenido de material reciclado en los envases de plástico. Específicamente, los envases de PET deben contener al menos un 25% de material reciclado (rPET), y otros tipos de envases plásticos deben incluir un 20% de plástico reciclado. Para 2030, todos los envases de plástico deberán incorporar un 30% de material reciclado y ser reciclables si no son compostables, promoviendo la economía circular y la reducción del impacto ambiental.

El Artículo 57 de la Ley 7/2022 establece requisitos vinculantes para los recipientes de plástico para bebidas, incluyendo la permanencia de tapas y tapones unidos al recipiente y el incremento progresivo del contenido de plástico reciclado en las botellas PET para 2025 y 2030. Estas medidas buscan mejorar la gestión de residuos y fomentar el uso de materiales reciclados.

El ecodiseño se aborda en el Artículo 12 del RD 1055/22, destacando la importancia de diseñar envases que minimicen su impacto ambiental y promuevan la reciclabilidad. Se enfatiza en la certificación del contenido de plástico reciclado según normas específicas.

Los planes empresariales de prevención y ecodiseño, según el Artículo 18 del RD 1055/22, son obligatorios para los productores que introduzcan ciertas cantidades de envases en el mercado. Estos planes deben incluir objetivos de reducción de impacto, aumento del uso de envases reutilizables y reciclables, y mejoras en las propiedades de los envases para facilitar su gestión al final de su vida útil.

Finalmente, el Artículo 17 del RD 1055/22 detalla las obligaciones generales de los productores, incluyendo la implementación de sistemas de depósito, devolución y retorno, la financiación de la gestión de residuos de envases de un solo uso, y el cumplimiento de los objetivos de reciclado y reutilización. Estas medidas reflejan un compromiso integral con la sostenibilidad y la responsabilidad ambiental en la gestión de envases y residuos de envases en España.

ICB
EDITORES

UNIDAD

2.3. Obligaciones Colectivas

Contenido de la Unidad

1. Recogida Separada

(Art. 29 RD 1055/2022)

"Artículo 29. Obligaciones de los sistemas de responsabilidad ampliada del productor en materia de envases domésticos.

1. Además de las obligaciones recogidas en los artículos anteriores que le pudieran corresponder, el sistema de responsabilidad ampliada del productor estará obligado a alcanzar, como mínimo, los objetivos de reciclado fijados en el artículo 10, respecto de los productos puestos en el mercado por los productores que participen en el mismo, dando cumplimiento a la obligación prevista en el artículo 17.1.e). Dichos objetivos se alcanzarán tanto a nivel estatal como autonómico.

2. Con el objetivo de contribuir a cumplir lo establecido en el párrafo anterior, los sistemas deberán garantizar como mínimo una recogida separada global en peso de todos los residuos de envases domésticos del 65 % en 2025, del 75 % en 2030 y del 85 % en 2035, respecto de los productos puestos en el mercado por los productores que participen en el mismo.

Asimismo, deberán alcanzar los siguientes objetivos mínimos de recogida separada en peso de los residuos de envases domésticos por materiales:

a) Plástico: 55 % en 2025, 65 % en 2030 y 75 % en 2035.

b) Madera: 30 % en 2025, 40 % en 2030 y 60 % en 2035.

c) Metales ferrosos: 50 % en 2025, 60 % en 2030 y 80 % en 2035.

d) Aluminio: 30 % en 2025, 40 % en 2030 y 60 % en 2035.

e) Vidrio: 70 % en 2025, 80 % en 2030 y 90 % en 2035.

f) Cartón para bebidas y alimentos: 70 % en 2025, 80 % en 2030 y 90 % en 2035.

g) Papel cartón: 75 % en 2025, 90 % en 2030 y 95 % en 2035.

Los sistemas de responsabilidad ampliada del productor constituidos para un único material deberán cumplir en todo caso los objetivos globales del primer párrafo y el objetivo específico para dicho material cuando este sea superior al objetivo global.

En relación con el cumplimiento de estos objetivos de recogida separada, se estará a lo dispuesto en el artículo 11.1 de este real decreto.

Los objetivos se alcanzarán tanto a nivel estatal como autonómico.

3. Los sistemas de responsabilidad ampliada del productor en materia de envases de medicamentos quedarán exentos de cumplir los objetivos establecidos en el apartado 2, así como los objetivos de reciclado fijados en el artículo 10. No obstante, estos sistemas deberán garantizar como mínimo una recogida separada en peso de todos los residuos de envases de medicamentos del 15 % en 2025, del 25 % en 2030 y del 35 % en 2035, respecto de los productos puestos en el mercado por los productores que participen en el mismo.

Asimismo, el sistema de responsabilidad ampliada del productor estará obligado a alcanzar como mínimo un objetivo de reciclado del 10 % en 2025, y del 15 % en 2030, en peso de todos los residuos de envases.

4. Los sistemas de responsabilidad ampliada del productor deberán alcanzar como mínimo, los objetivos de recogida separada establecidos en el artículo 59.1 de la Ley 7/2022, de 8 de abril, tanto a nivel estatal como autonómico.

La evaluación del cumplimiento de estos objetivos se realizará de la forma prevista en el apartado tercero de la disposición adicional decimoséptima de la ley.

La determinación del cumplimiento a nivel estatal se realizará de la forma prevista en el artículo 10.4. Para determinar el cumplimiento a nivel autonómico se utilizarán los datos de gestión obtenidos conforme a lo establecido en el artículo 49.1 referidos a su ámbito territorial, y estarán referidos a los datos territorializados de puesta en el mercado que hayan sido proporcionados por los sistemas de responsabilidad ampliada del productor de conformidad con lo establecido en el artículo 21.1.h), corregidos con las posibles desviaciones detectadas.

Las correcciones de este apartado podrán estimarse en base, entre otros, a las caracterizaciones de todas las fracciones donde aparezcan residuos de botellas para bebidas de plástico de un solo uso realizadas por las comunidades autónomas o, en su caso, por el Ministerio para la Transición Ecológica y el Reto Demográfico, incluidas las asociadas a la basura dispersa, siguiendo la metodología y los procedimientos que se acuerden en el marco de la Comisión de Coordinación en materia de residuos.

5. Los residuos de envases recogidos separadamente se pesarán en el punto en el que se recojan o a la entrada de las operaciones de clasificación. Este dato se corregirá eliminando aquellos residuos que no sean envases, mediante muestreos representativos y el posterior análisis de composición o mediante la utilización de registros electrónicos.

Para determinar el cumplimiento a nivel estatal se contabilizarán los datos de recogida separada reportados por las comunidades autónomas y las ciudades de Ceuta y Melilla, que será recabada conforme a lo establecido en el artículo 49.3, y estará referido a la información de los envases puestos en el mercado en ese año remitida por los productores de conformidad con el artículo 16. La información de puesta en el mercado se corregirá, en su caso, con las posibles desviaciones detectadas.

Para determinar el cumplimiento a nivel autonómico se utilizarán los datos de gestión obtenidos conforme a lo establecido en el artículo 49.1 referidos a su ámbito territorial, y estarán referidos a los datos territorializados de puesta en el mercado que hayan sido proporcionados por los sistemas de responsabilidad ampliada del productor de conformidad con lo establecido en el artículo 21.1.h), corregidos con las posibles desviaciones detectadas.

Las correcciones de este apartado podrán estimarse en base, entre otros, a las caracterizaciones de todas las fracciones donde aparezcan residuos de envases realizadas por las comunidades autónomas o, en su caso, por el Ministerio para la Transición Ecológica y el Reto Demográfico, incluidas las asociadas a la basura dispersa, siguiendo la metodología y los procedimientos que se acuerden en el marco de la Comisión de Coordinación en materia de residuos.

6. Cuando las administraciones públicas intervengan en la organización de la gestión de los residuos, los sistemas de responsabilidad ampliada

del productor deberán celebrar convenios con las mismas, conforme a lo establecido en el artículo 33.

7. De acuerdo con lo que se establezca en los convenios, cuando los sistemas de responsabilidad ampliada del productor asuman la organización parcial de la gestión, dichos sistemas se harán cargo de todos los residuos de envases recuperados en las operaciones de separación y clasificación en las plantas de clasificación de envases, así como de los residuos de envases separados por materiales que sean recuperados de la fracción resto, de la fracción inorgánica de los sistemas húmedo-seco o de la basura dispersa en otras plantas de tratamiento de fracciones mezcladas, para su reciclado, otra valorización o eliminación, según corresponda.

8. En el caso de que las administraciones públicas no intervengan en la organización de la gestión de los residuos, los sistemas de responsabilidad ampliada del productor asumirán a través de gestores de residuos con los que hayan celebrado acuerdos, las operaciones de gestión de los residuos de envases, incluyendo su recogida separada, transporte, clasificación y tratamiento."

El Artículo 29 delinea las responsabilidades específicas de los sistemas de responsabilidad ampliada del productor (RAP) en el contexto de los envases domésticos, estableciendo metas claras para el reciclaje y la recogida separada de estos residuos. La estructura del artículo refleja un enfoque sistemático y jerarquizado para mejorar la gestión de residuos de envases, promoviendo así la sostenibilidad y la eficiencia en el reciclaje.

Los sistemas RAP deben cumplir con objetivos mínimos de reciclado, asegurando que los envases introducidos en el mercado por los productores participantes sean efectivamente reciclados. Estos objetivos se aplican tanto a nivel estatal como autonómico, subrayando la importancia de una implementación uniforme a través de diversas regiones.

Además, el artículo establece metas progresivas para la recogida separada de residuos de envases domésticos, tanto globalmente como por materiales específicos, lo que implica un incremento gradual en los porcentajes de recogida para plástico, madera, metales ferrosos, aluminio, vidrio, cartón para bebidas y alimentos, y papel cartón. Este enfoque diferenciado por material reconoce las variadas capacidades y desafíos de reciclaje asociados a cada tipo de material.

El artículo también destaca una excepción para los envases de medicamentos, estableciendo objetivos menos estrictos de recogida separada y reciclado, reconociendo las particularidades y restricciones de este tipo de envases.

Los sistemas RAP deben garantizar la correcta ponderación de los residuos de envases recogidos, eliminando los residuos no envases mediante muestreos o registros electrónicos, lo cual es fundamental para obtener datos precisos sobre la gestión de residuos.

En caso de intervención de las administraciones públicas en la gestión de residuos, se prevé la celebración de convenios entre estas y los sistemas RAP, lo cual fomenta la colaboración entre el sector público y privado en la gestión de residuos.

En resumen, el Artículo 29 establece un marco riguroso para los sistemas RAP en relación con los envases domésticos, promoviendo prácticas eficaces y sostenibles en la gestión de residuos y apoyando los esfuerzos hacia una economía circular.

Objetivos de recogida separada total de envases domésticos

65% en 2025
75% en 2030
85% en 2035

Objetivos de recogida separada total de envases comerciales e industriales

75% en 2027
85% en 2030
95% en 2035

Objetivos de recogida separada de botellas de bebidas de plástico

70% en 2023
77% en 2025
85% en 2027
90% en 2029

Material	2025	2030	2035
Plástico	55%	65%	75%
Madera	30%	40%	60%
Metales ferrosos	50%	60%	80%
Aluminio	30%	40%	60%
Vidrio	70%	80%	90%
Cartón beb. y al.	70%	80%	90%
Papel cartón	75%	90%	95%

Si no se cumplen los objetivos fijados en 2023 o en 2027, a nivel nacional, se implantará en todo el territorio en el plazo de dos años un Sistema de Depósito, Devolución y Retorno (SDDR). Se incluirán además de botellas de bebidas, las latas y cartones para bebidas.

•Obligación de alcanzar el 90% de recogida separada en el plazo de 2 años desde la puesta en funcionamiento del SDDR.

2. Reciclado

"Artículo 10. Objetivos de reciclado y valorización.

1. Deberán cumplirse, en el ámbito de todo el territorio del Estado, los siguientes objetivos de reciclaje y valorización:

a) En 2025, se reciclará un mínimo del 65 % en peso de todos los residuos de envases.

b) En 2025, se alcanzarán los siguientes objetivos mínimos en peso de reciclado de los materiales específicos que se indican seguidamente contenidos en los residuos de envases:

1.º El 50 % de plástico.

2.º El 25 % de madera.

3.º El 70 % de metales ferrosos.

4.º El 50 % de aluminio.

5.º El 70 % de vidrio.

6.º El 75 % de papel y cartón.

c) En 2030, se reciclará un mínimo del 70 % en peso de todos los residuos de envases.

d) En 2030, se alcanzarán los siguientes objetivos mínimos en peso de reciclado de los materiales específicos que se indican seguidamente contenidos en los residuos de envases:

1.º El 55 % de plástico.

2.º El 30 % de madera.

3.º El 80 % de metales ferrosos.

4.º El 60 % de aluminio.

5.º El 75 % de vidrio.

6.º El 85 % de papel y cartón.

2. Con el objeto de reducir al máximo el vertido e incineración de los residuos de envases, además de cumplir los objetivos de recogida separada que se establecen en este real decreto, se maximizará la recuperación de los residuos de envases de la fracción resto y de otras fracciones de residuos mezcladas siempre que sea técnica, económica y ambientalmente viable, contribuyendo así al cumplimiento de los objetivos de gestión establecidos para los residuos municipales y a los objetivos de reciclado de este real decreto.

3. Sin perjuicio de lo dispuesto en el apartado 1, letras a) y c), el Ministerio para la Transición Ecológica y el Reto Demográfico podrá acogerse a la excepción prevista en el artículo 6, apartado 1 bis) de la Directiva 94/62/CE, de 20 de diciembre, siempre que se cumplan las condiciones previstas en el mismo.

4. Deberán cumplirse, en el ámbito de todo el territorio del Estado, los objetivos de recogida separada de botellas de plástico de un solo uso establecidos en el artículo 59.1 de la Ley 7/2022, de 8 de abril, con objeto de destinar los materiales recuperados a su reciclado.

La evaluación del cumplimiento de estos objetivos se realizará de la forma prevista en el apartado tercero de la disposición adicional decimoséptima de la ley.

Para determinar el cumplimiento a nivel estatal se contabilizarán los datos de recogida separada de botellas de plástico de un solo uso reportados por las comunidades autónomas y las ciudades de Ceuta y Melilla, que serán recabados conforme a lo establecido en el artículo 49.3, y estarán referidos a la información de las botellas para bebidas de plástico de un solo uso puestas en el mercado en ese año remitida por los productores de conformidad con el artículo 16. La información de puesta en el mercado se corregirá, en su caso, con las posibles desviaciones detectadas, según lo recogido en el artículo 29.4.

5. Para garantizar el cumplimiento de los objetivos de los apartados 1 y 4, las comunidades autónomas deberán cumplir como mínimo estos objetivos con los residuos de envases generados en su territorio. Los residuos de envases que se trasladen de una comunidad autónoma a otra para su tratamiento se computarán en la comunidad autónoma en la que se generó el residuo.

Para determinar el cumplimiento a nivel autonómico se utilizarán los datos de gestión obtenidos conforme a lo establecido en el artículo 49.1 referidos a su ámbito territorial, y estarán referidos a los datos territorializados de puesta en el mercado que hayan sido proporcionados por los sistemas de responsabilidad ampliada del productor de conformidad con lo establecido en el artículo 21.1.h), corregidos con las posibles desviaciones detectadas.

Estas correcciones podrán estimarse en base, entre otros, a las caracterizaciones realizadas en dicha comunidad autónoma, incluidas las asociadas a la basura dispersa, siguiendo la metodología y los procedimientos que se acuerden en el marco de la Comisión de Coordinación en materia de residuos.

6. El Ministerio para la Transición Ecológica y el Reto Demográfico a través de la Dirección General de Calidad y Evaluación Ambiental, a partir de la información que conste en la sección de envases del Registro de Productores de Productos y de la remitida por las comunidades autónomas, calculará y publicará el grado de cumplimiento de los objetivos de recogida separada y de reciclado de acuerdo con la normativa de la Unión Europea adoptada a este respecto y con el método establecido en el anexo II. Esta información será publicada anualmente en la página web del Ministerio"

Este artículo establece metas claras y progresivas para el reciclaje de distintos materiales, así como la implementación de sistemas de recogida separada para maximizar la recuperación de los materiales reciclables. A continuación, desgloso y comento los puntos clave:

1. **Objetivos progresivos de reciclaje**: El artículo establece metas incrementales para el reciclaje de envases hacia 2025 y 2030, no solo en términos generales sino también detallando porcentajes específicos para materiales como plástico, madera, metales ferrosos, aluminio, vidrio, y papel y cartón. Estos objetivos reflejan un enfoque ambicioso hacia la mejora continua en la gestión de residuos, reconociendo la importancia de tratar los diferentes materiales de forma específica para optimizar los procesos de reciclaje.

2. **Reducción de vertido e incineración**: Se hace énfasis en la minimización del vertido e incineración de residuos de envases, promoviendo la recuperación de materiales de la fracción resto y de otras fracciones mezcladas cuando sea viable desde el punto de vista técnico, económico y ambiental. Este enfoque subraya la necesidad de aprovechar al máximo los recursos disponibles y minimizar el impacto ambiental de los residuos.

3. **Flexibilidad regulativa**: El texto menciona la posibilidad de acogerse a excepciones bajo ciertas condiciones, lo que indica un reconocimiento de la complejidad y los desafíos prácticos asociados a la gestión de residuos, permitiendo cierta flexibilidad en la aplicación de las normas para adaptarse a circunstancias específicas.

4. **Recogida separada de botellas de plástico**: Se destacan objetivos particulares para la recogida separada de botellas de plástico de un solo uso, resaltando la importancia de tratar ciertos productos con alto potencial de impacto ambiental de manera especial. Esto apunta a la necesidad de sistemas específicos de recogida y reciclaje para ciertos tipos de envases.

5. **Responsabilidad compartida y territorial**: El artículo asigna responsabilidades tanto a nivel estatal como autonómico, asegurando que los residuos se gestionen adecuadamente en su lugar de origen y que las comunidades autónomas cumplan con los objetivos establecidos. Esto refleja un enfoque descentralizado y cooperativo en la gestión de residuos, reconociendo la importancia de la acción localizada y coordinada.

6. **Transparencia y rendición de cuentas**: Por último, se menciona el papel del Ministerio para la Transición Ecológica y el Reto Demográfico en calcular y publicar el grado de cumplimiento de los objetivos, lo que subraya la importancia de la transparencia y la rendición de cuentas en la gestión ambiental.

En resumen, el Artículo 10 representa un enfoque integral y progresivo hacia la gestión de residuos de envases, destacando la importancia de objetivos específicos y medibles, la adaptabilidad frente a desafíos prácticos, la responsabilidad compartida entre diferentes niveles de gobierno, y la transparencia en la evaluación del progreso.

OBJETIVO DE RECICLADO DE ENVASES
65% en 2025
70% en 2030

Se maximizará la recuperación de la fracción resto y de otras fracciones de residuos mezcladas, siempre que sea técnica, económica y ambientalmente viable.

Materiales	2025	2030
Plásticos	**50%**	**55%**
P/C	**75%**	**85%**
Metales ferrosos	**70%**	**80%**
Aluminio	**50%**	**60%**
Madera	**25%**	**30%**
Vidrio	**70%**	**75%**

NUEVO PUNTO DE MEDICIÓN

Nuevo punto de medición en el proceso de reciclado donde no se produzcan mermas.

(Directiva 2018/852 y Ley 7/2022Anexo VIII)

"ANEXO VIII

Normas relativas al cálculo de la consecución de los objetivos

1. De conformidad con la Decisión Ejecución (UE) 2019/1004 de la Comisión, de 7 de junio de 2019, por la que se establecen normas relativas al cálculo, la verificación y la comunicación de datos sobre residuos de conformidad con la Directiva 2008/98/CE del Parlamento Europeo y del Consejo, de 19 de noviembre de 2008, y por la que se deroga la Decisión de Ejecución C(2012) 2384 de la Comisión y a los efectos de calcular si se han alcanzado los objetivos establecidos en el artículo 26, apartado 1, letras c), d), y e), el Ministerio para la Transición Ecológica y el Reto Demográfico calculará, a partir de la información suministrada por las comunidades autónomas, el peso de los residuos municipales generados y preparados para la reutilización o reciclados en un año natural determinado, conforme a las siguientes reglas:

a) El peso de los residuos municipales preparados para la reutilización se calculará que corresponde al peso de los productos o componentes de productos que se hayan convertido en residuos municipales y hayan sido objeto de todas las operaciones de control, limpieza y reparación necesarias para permitir la reutilización sin clasificación o tratamiento previo adicionales.

b) El peso de los residuos municipales reciclados se calculará que corresponde al peso de los residuos que, habiendo sido objeto de todas las operaciones de control, clasificación y previas de otro tipo necesarias para eliminar materiales de residuos que no estén previstos en la posterior transformación y para garantizar un reciclado de alta calidad, entren en la operación de reciclado por la que los materiales de residuos se transformen realmente en productos, materiales o sustancias.

2. A los efectos del apartado 1, letra b), el peso de los residuos municipales se medirá cuando los residuos entren en la operación de reciclado.

Como excepción a lo dispuesto en el párrafo primero, el peso de los residuos municipales reciclados podrá medirse cuando salgan de cualquier operación de clasificación, siempre y cuando:

a) Dichos residuos de salida sean reciclados posteriormente.

b) El peso de los materiales o sustancias eliminados mediante otras operaciones previas a la operación de reciclado y que no sean reciclados posteriormente no se incluya en el peso de los residuos comunicados como residuos reciclados.

3. Para garantizar el cumplimiento de las condiciones establecidas en el apartado 1, letra b) y en el apartado 2, así como la fiabilidad y exactitud de los datos, se establecerá un sistema efectivo de control de calidad y trazabilidad, basado en la información contenida en el Sistema electrónico de Información de Residuos, de conformidad con el artículo 66.

Asimismo, el Ministerio para la Transición Ecológica y el Reto Demográfico, en colaboración con las comunidades autónomas, podrá establecer especificaciones técnicas para los requisitos de calidad de los residuos clasificados, o índices medios de pérdidas para los residuos clasificados para diferentes tipos de residuos y prácticas de gestión de los residuos respectivamente. Los índices medios de pérdidas solo se utilizarán en casos en los que no puedan obtenerse datos fiables de otro modo y se calcularán sobre la base de las normas de cálculo que se establezcan a nivel de la Unión Europea.

4. La cantidad de residuos municipales biodegradables que se someta a tratamiento aerobio o anaerobio podrá contabilizarse como reciclada cuando ese tratamiento genere compost, digerido u otro resultado con una cantidad similar de contenido reciclado en relación con el residuo entrante, que vaya a utilizarse como producto, material, o sustancia reciclada. Cuando el resultado se utilice en el suelo, se podrá contabilizar como reciclado solo si su uso produce un beneficio a la agricultura o una mejora ecológica.

A partir del 1 de enero de 2027, se podrán contabilizar como reciclados los biorresiduos municipales que se sometan a un tratamiento aerobio o anaerobio solo si, de conformidad con el artículo 25, han sido recogidos de forma separada o separados en origen.

5. La cantidad de materiales de residuos que hayan dejado de ser residuos como resultado de una operación preparatoria antes de ser transformados podrá contabilizarse como reciclada siempre que dichos materiales se destinen a su posterior transformación en productos, materiales o sustancias para ser utilizados con la finalidad original o con cualquier otra finalidad. No obstante, los materiales que dejen de ser residuos para ser utilizados como combustibles u otros medios para generar energía, o para ser incinerados, utilizados como material de relleno o depositados en vertederos no podrán ser contabilizados a efectos de la consecución de los objetivos de reciclado.

6. Se podrá tener en cuenta el reciclado de metales separados después de la incineración de residuos municipales, siempre y cuando los metales reciclados cumplan los criterios de calidad establecidos en la Decisión Ejecución (UE) 2019/1004 de la Comisión, de 7 de junio de 2019.

7. Los residuos recogidos en España y enviados a otro Estado miembro con el objeto de prepararlos para la reutilización, reciclarlos o usarlos para relleno en ese Estado miembro serán contabilizados a efectos de la consecución de los objetivos, solo si se cumplen los requisitos del apartado 3 y si, de conformidad con el Reglamento (CE) n.º 1013/2006, el exportador puede demostrar que el traslado de los residuos cumple los requisitos de dicho Reglamento y el tratamiento de los residuos fuera de la Unión ha tenido lugar en condiciones equivalentes, de forma general, a los requisitos del Derecho de la Unión aplicable en materia medioambiental. Los residuos procedentes de otros Estados miembros que se traten en España no serán contabilizados en el cálculo de objetivos.

8. Los residuos exportados desde España para ser preparados para su reutilización o reciclados fuera de la Unión Europea, serán contabilizados a efectos de la consecución de los objetivos solo si se cumplen los requisitos del apartado 3 del presente anexo y si, de conformidad con el Reglamento (CE) n.º 1013/2006, del Parlamento Europeo y del Consejo, de 14 de junio de 2006, el exportador puede demostrar que el traslado de los residuos cumple los requisitos de dicho Reglamento y el tratamiento de los residuos fuera de la Unión ha tenido lugar en condiciones equivalentes, de forma general, a los requisitos del Derecho de la Unión aplicable en materia medioambiental"

El "ANEXO VIII" detalla las normas específicas para calcular y verificar el cumplimiento de los objetivos de reciclaje y reutilización establecidos en una directiva o regulación sobre la gestión de residuos. Este anexo parece ser una parte integral de un marco regulatorio más amplio diseñado para mejorar la sostenibilidad y eficiencia en la gestión de residuos a nivel de la Unión Europea. A continuación, se comentan los aspectos más destacados del anexo:

Marco legal y metodológico: El anexo comienza refiriéndose a la Decisión Ejecución (UE) 2019/1004, que establece normas detalladas sobre el cálculo, verificación y comunicación de datos relacionados con los residuos. Esto indica un enfoque estandarizado y armonizado a nivel de la UE para garantizar la coherencia y comparabilidad de los datos entre los estados miembros.

Cálculo de residuos preparados para la reutilización: Se establece una metodología específica para calcular el peso de los residuos municipales preparados para la reutilización, enfocándose en los productos o componentes que han sido sometidos a procesos de control, limpieza y reparación necesarios. Esto subraya la importancia de la reutilización como una estrategia clave de gestión de residuos, priorizando la extensión de la vida útil de los productos antes de considerar el reciclaje.

Cálculo de residuos reciclados: Se define con precisión cómo calcular el peso de los residuos reciclados, enfatizando la necesidad de procesos previos de clasificación y eliminación de materiales no deseados para asegurar un reciclado de alta calidad. Esto refleja el compromiso con el reciclaje efectivo y la producción de materiales reciclados que pueden ser reintegrados en la economía.

Control de calidad y trazabilidad: El anexo enfatiza la importancia de un sistema efectivo de control de calidad y trazabilidad, utilizando el Sistema electrónico de Información de Residuos. Esto asegura la fiabilidad y precisión de los datos reportados, lo cual es fundamental para evaluar el progreso hacia los objetivos de gestión de residuos.

Tratamiento de residuos biodegradables: Se aborda cómo los residuos biodegradables tratados mediante procesos aerobios o anaerobios pueden contabilizarse como reciclados, dependiendo del resultado del tratamiento y su aplicación final. Esto demuestra la inclusión de diversas formas de tratamiento de residuos dentro del concepto de reciclaje, adaptándose a las características específicas de los diferentes tipos de residuos.

Reciclaje de metales post-incineración: Se permite contabilizar como reciclados los metales separados después de la incineración de residuos municipales, siempre que cumplan con criterios de calidad específicos. Esto reconoce la recuperación de recursos valiosos incluso de procesos de tratamiento de residuos que tradicionalmente no se asociaban con el reciclaje.

Tratamiento transfronterizo de residuos: El anexo establece condiciones bajo las cuales los residuos enviados a otros estados miembros o fuera de la UE pueden contabilizarse para los objetivos de reciclaje, asegurando que el tratamiento cumpla con los estándares equivalentes a los de la legislación de la UE. Esto refleja la naturaleza global de las cadenas de suministro de residuos y la necesidad de regulaciones que aseguren prácticas sostenibles más allá de las fronteras nacionales.

En resumen, el "ANEXO VIII" proporciona un marco detallado y riguroso para el cálculo y la verificación de los objetivos de gestión de residuos, destacando la importancia de la precisión en la medición, la calidad en el reciclaje, y la trazabilidad en todo el proceso. Representa un esfuerzo coordinado para promover prácticas de gestión de residuos sostenibles y eficientes, en línea con los objetivos ambientales más amplios de la Unión Europea.

3. Responsabilidad Ampliada del Productor

Combinación de Sistemas RAP

- ⇨ Envases domésticos de un solo uso no se podrán combinar varios sistemas RAP cuando introduzcan en el mercado el mismo producto en envases primarios y secundarios del mismo material.
- ⇨ Envases comerciales e industriales de un solo uso, no podrán combinarse varios sistemas RAP cuando introduzcan en el mercado el mismo producto en envases del mismo material, salvo que el

producto esté envasado en envases primarios y destinado a distintas actividades económicas.

- ⇨ Envases reutilizables, cuando sean de la misma categoría (doméstico, comercial e industrial) y material, se podrá combinar varios sistemas RAP, siempre que se garantice la trazabilidad y pertenencia de estos envases al SDDR.

Cambio de SCRAP

- ⇨ El productor de producto que abandone un sistema colectivo de responsabilidad ampliada deberá informar al sistema de origen, al nuevo sistema en el que se integra o que constituye, y al Registro de Productores de Productos, antes del último trimestre del año.

4. Obligaciones de la RAP

FINANCIACIÓN DE LA GESTIÓN (Art.28, 35 y 41)

"Artículo 28. Obligaciones de los productores.

1. En relación con los envases domésticos los productores de producto estarán obligados a financiar la gestión de sus residuos, y a la organización de la gestión parcial o total cuando así lo decidan las entidades locales, de conformidad con lo establecido en el artículo 32.1.

No obstante, para los envases de servicio podrá acordarse voluntariamente que sean los fabricantes, adquirientes intracomunitarios o importadores de estos envases o, en su caso, las empresas de distribución de estos envases quienes, en nombre de los productores, den cumplimiento a las obligaciones financieras y de información del capítulo II de este título, que sean de aplicación. A estos efectos, los fabricantes, adquirientes intracomunitarios o importadores, o en su caso, las empresas de distribución de estos envases deberán facilitar a los productores la documentación acreditativa del cumplimiento de estas obligaciones.

2. El productor de producto cumplirá con las obligaciones recogidas en el apartado anterior de forma individual o de forma colectiva, a través de la constitución de los correspondientes sistemas de responsabilidad ampliada.

Al resto de obligaciones de los productores de producto que no sean obligaciones financieras o financieras y organizativas se dará cumplimiento de forma individual."

El Artículo 28 aborda las responsabilidades específicas de los productores de productos en lo que respecta a la gestión de residuos de envases, enfatizando un enfoque de responsabilidad ampliada del productor (RAP). Este concepto es crucial en la política ambiental, ya que asigna al productor la responsabilidad por el tratamiento o disposición final de los productos después de que estos se hayan convertido en residuos. A continuación, se detallan y comentan los puntos clave del artículo:

Financiación de la gestión de residuos: Los productores de productos envasados están obligados a financiar la gestión de los residuos generados por sus productos. Esto incluye la recolección, el reciclaje, la recuperación y la eliminación final de los envases después de su uso. Este requerimiento implica que los costos asociados con la gestión de residuos de envases deben ser internalizados por los productores, incentivándolos a diseñar productos y envases que sean más fáciles de reciclar, reutilizar o reducir en términos de impacto ambiental.

Gestión parcial o total: Los productores pueden decidir, en coordinación con las entidades locales, si asumen la responsabilidad de la gestión de residuos de forma parcial o total. Esto permite cierta flexibilidad en la implementación de la gestión de residuos, permitiendo a los productores adaptarse a las condiciones locales y a las capacidades de gestión de residuos existentes.

Acuerdos voluntarios para envases de servicio: Se establece la posibilidad de que, para los envases de servicio (aquellos utilizados en el sector de la hostelería, restauración, etc.), los fabricantes, importadores o distribuidores puedan asumir voluntariamente las obligaciones financieras y de información en nombre de los productores. Esto reconoce la complejidad y la variedad de las cadenas de suministro y de los modelos de negocio, ofreciendo una vía para que diferentes actores en la cadena de suministro contribuyan a la gestión de residuos de manera colaborativa.

Cumplimiento individual o colectivo: El artículo permite a los productores cumplir con sus obligaciones ya sea de manera individual o colectivamente, a través de sistemas de responsabilidad ampliada del productor (RAP). Los sistemas RAP colectivos, como los esquemas de reciclaje financiados por productores o consorcios de reciclaje, pueden ofrecer economías de escala y eficiencias operativas, facilitando a los productores el cumplimiento de sus responsabilidades de gestión de residuos.

Diferenciación de obligaciones: Se hace una distinción entre obligaciones financieras (o financieras y organizativas) y otras obligaciones de los productores, sugiriendo que mientras las primeras pueden ser abordadas de manera colectiva, las segundas deben ser cumplidas de manera individual por cada productor. Esto podría referirse a responsabilidades relacionadas con el diseño de productos, etiquetado, información al consumidor, y otras medidas preventivas para la reducción de residuos.

En resumen, el Artículo 28 establece un marco para la responsabilidad ampliada del productor en la gestión de residuos de envases, promoviendo la financiación y organización de la gestión de residuos por parte de los productores y ofreciendo flexibilidad en la forma de cumplimiento. Este enfoque busca no solo mejorar la eficiencia en la gestión de residuos sino también incentivar la innovación en el diseño de productos y envases para minimizar su impacto ambiental.

"Artículo 35. Obligaciones de los productores.

1. En relación con los envases comerciales los productores de producto estarán obligados a la financiación y a la organización de la gestión total de sus residuos.

Solamente en el caso de que el residuo de envase comercial sea gestionado por las entidades locales conforme a lo que prevean sus ordenanzas según lo establecido en el artículo 12.5.e) y 20.3 de la Ley 7/2022, de 8 de abril, se aplicará lo previsto en el artículo 32.1.

2. El productor de producto cumplirá con las obligaciones recogidas en el apartado anterior de forma individual o de forma colectiva, a través de la constitución de los correspondientes sistemas de responsabilidad ampliada, sin perjuicio de lo establecido en el artículo 46.5 para los envases reutilizables. Al resto de obligaciones de los productores de producto que no sean obligaciones financieras o financieras y organizativas se dará cumplimiento de forma individual.

3. No obstante, para los envases comerciales utilizados en la primera comercialización de los productos procedentes de las actividades agrarias, silvícolas, pesqueras y acuícolas, el productor de producto podrá acordar voluntariamente con los fabricantes, adquirentes intracomunitarios o importadores de estos envases que sean éstos quienes, en nombre de los productores, den cumplimiento a las obligaciones financieras, organizativas y de información del capítulo II de este título, que sean de aplicación.

En estos casos, los fabricantes, adquirentes intracomunitarios o importadores de envases comerciales podrán constituir los correspondientes sistemas de responsabilidad ampliada. A estos efectos, el sistema creado deberá facilitar a los productores de producto la documentación acreditativa del cumplimiento de sus obligaciones, incluidas las de información, entre las que se incluye el número de Registro del productor de producto."

El Artículo 35 establece las obligaciones específicas de los productores con respecto a los envases comerciales, dentro del marco de una ley que regula la gestión de residuos y su reciclaje. Los puntos clave del artículo reflejan la estructura y los principios de la responsabilidad ampliada del productor (RAP), enfocándose en la necesidad de una gestión sostenible de los residuos de envases. A continuación, se desglosan y comentan los aspectos más relevantes:

Gestión total de residuos de envases comerciales: Los productores de productos envasados están obligados a financiar y organizar la gestión completa de los residuos generados por sus envases comerciales. Esto implica una responsabilidad integral desde la recogida hasta el tratamiento final de los residuos, incluyendo reciclaje, recuperación y eliminación. Este enfoque subraya la importancia de que los productores consideren el ciclo de vida completo de sus envases y promuevan prácticas más sostenibles.

Excepciones vinculadas a la gestión municipal: Se proporciona una excepción en casos donde los residuos de envases comerciales son gestionados por entidades locales según sus propias ordenanzas. Esta disposición reconoce la diversidad de situaciones locales y la posible existencia de sistemas de gestión de residuos eficientes a nivel municipal que pueden ser más adecuados para el tratamiento de ciertos residuos de envases.

Cumplimiento individual o colectivo: Los productores tienen la opción de cumplir con sus obligaciones de manera individual o colectivamente a través de sistemas de responsabilidad ampliada. Esta flexibilidad permite a los productores elegir la estrategia que mejor se adapte a sus necesidades y capacidades, fomentando la colaboración entre productores para mejorar la eficiencia en la gestión de residuos.

Especificidades para envases reutilizables: Se hace una mención específica a los envases reutilizables, sugiriendo que pueden existir disposiciones particulares para este tipo de envases en otro artículo. La reutilización de envases es una estrategia clave para reducir los residuos y promover una economía circular, y su tratamiento puede requerir consideraciones especiales.

Acuerdos voluntarios para ciertos sectores: Se establece la posibilidad de acuerdos voluntarios para los envases comerciales utilizados en la primera comercialización de productos de sectores como el agrícola, silvícola, pesquero y acuícola. Esto permite que otros actores en la cadena de suministro, como fabricantes o importadores de envases, asuman las obligaciones en nombre de los productores, lo cual puede ser particularmente relevante en sectores donde la cadena de suministro es compleja o los productores son numerosos y de menor escala.

Documentación y trazabilidad: Se enfatiza la necesidad de que los sistemas de responsabilidad ampliada proporcionen documentación acreditativa del cumplimiento de las obligaciones, incluyendo las obligaciones de información. Esto asegura la transparencia y permite un seguimiento efectivo del cumplimiento de las obligaciones relacionadas con la gestión de residuos de envases.

En resumen, el Artículo 35 destaca la responsabilidad de los productores en la gestión sostenible de los envases comerciales, promoviendo la financiación y organización de la gestión de residuos y ofreciendo flexibilidad en el modo de cumplimiento. Este enfoque refleja un compromiso con la sostenibilidad y la economía circular, reconociendo la importancia de la colaboración entre diferentes actores en la cadena de suministro y la adaptabilidad a contextos locales y sectoriales específicos.

"Artículo 42. Obligaciones de los sistemas de responsabilidad ampliada del productor en materia de envases industriales.

1. Además de las obligaciones recogidas en los artículos anteriores que le pudieran corresponder, el sistema de responsabilidad ampliada del productor estará obligado a alcanzar, como mínimo, los objetivos de reciclado fijados en el artículo 10, respecto de los productos puestos en el mercado por los productores que participen en el mismo, dando cumplimiento a la obligación prevista en el artículo 17.1.e). No obstante, se podrán establecer objetivos específicos de reciclado en aquellos casos en que la peligrosidad de los residuos de envases industriales dificulte o impida su reciclado.

2. Con el objetivo de contribuir a cumplir lo establecido en el párrafo anterior, los sistemas deberán garantizar como mínimo una recogida separada en peso de todos los residuos de envases industriales del 75 % en 2027, del 85 % en 2030 y del 95 % en 2035, respecto de los productos puestos en el mercado por los productores que participen en el mismo.

Los objetivos se alcanzarán tanto a nivel estatal como autonómico.

3. Los residuos de envases recogidos separadamente se pesarán en el punto en el que se recojan o a la entrada de las operaciones de clasificación. Este dato se corregirá eliminando aquellos residuos que no sean envases, mediante muestreos representativos y el posterior análisis de composición o mediante la utilización de registros electrónicos.

Para determinar el cumplimiento a nivel estatal se contabilizarán los datos de recogida separada reportados por las comunidades autónomas y las ciudades de Ceuta y Melilla, que será recabada conforme a lo establecido en el artículo 49.3, y estará referido a la información de los envases puestos en el mercado en ese año remitida por los productores de conformidad con el artículo 16. La información de puesta en el mercado se corregirá, en su caso, con las posibles desviaciones detectadas.

Para determinar el cumplimiento a nivel autonómico se utilizarán los datos de gestión obtenidos conforme a lo establecido en el artículo 49.1 referidos a su ámbito territorial, y estarán referidos a los datos territorializados de puesta en el mercado que hayan sido proporcionados por los sistemas de responsabilidad ampliada del productor de conformidad con lo establecido en el artículo 21.1.h), corregidos con corregidos con las posibles desviaciones detectadas.

Las correcciones de este apartado podrán estimarse en base, entre otros, a las caracterizaciones realizadas por las comunidades autónomas o, en su caso, por el Ministerio para la Transición Ecológica y el Reto Demográfico, incluidas las asociadas a la basura dispersa, siguiendo la metodología y los procedimientos que se acuerden en el marco de la Comisión de Coordinación en materia de residuos.

4. Cuando los sistemas individuales y colectivos de responsabilidad ampliada del productor organicen la gestión de los residuos de envases industriales actuarán como poseedores del residuo a todos los efectos, excepto en los casos previstos en el apartado siguiente.

5. Los sistemas de responsabilidad ampliada del productor podrán celebrar acuerdos con los poseedores finales de los residuos de envases industriales, de forma que sean éstos los que asuman, en nombre de los productores, la responsabilidad de la organización y de la gestión de los residuos, debiendo establecerse los mecanismos oportunos de información y financiación correspondientes a cada una de las partes."

El Artículo 42 detalla las obligaciones específicas de los sistemas de responsabilidad ampliada del productor (RAP) en relación con la gestión de residuos de envases industriales. Este marco de RAP asigna a los productores, y por extensión a los sistemas que los representan, la responsabilidad de la gestión del ciclo de vida de los productos, específicamente en lo que respecta a su final como residuos. A continuación, se comentan los puntos clave del artículo:

Cumplimiento de objetivos de reciclado: Se establece que los sistemas de RAP deben cumplir como mínimo con los objetivos de reciclado especificados en otro artículo (artículo 10), para los productos que los productores participantes pongan en el mercado. Esto subraya la importancia de alcanzar metas concretas en el reciclaje de envases industriales, fomentando la sostenibilidad y la reducción del impacto ambiental de estos residuos.

Objetivos escalonados de recogida separada: El artículo fija objetivos progresivos para la recogida separada de residuos de envases industriales, con metas específicas para los años 2027, 2030 y 2035. Estos objetivos incrementales reflejan un enfoque a largo plazo para mejorar la gestión de residuos, asegurando que una mayor proporción de estos residuos sea recogida de manera separada y, por ende, más susceptible de ser reciclada eficazmente.

Medición y corrección de datos de recogida: Se especifica que los residuos recogidos deben ser pesados en el punto de recogida o al inicio de las operaciones de clasificación, y se debe ajustar este dato para eliminar los residuos no pertinentes. Este enfoque asegura la precisión en la medición de los residuos recogidos y refleja la necesidad de contar con datos fiables para evaluar el cumplimiento de los objetivos.

Determinación del cumplimiento a nivel estatal y autonómico: Se describe cómo se deben contabilizar y corregir los datos para determinar el cumplimiento de los objetivos tanto a nivel estatal como autonómico, implicando un esfuerzo coordinado entre diversas jurisdicciones y niveles de gobierno. Esto refleja la complejidad de la gestión de residuos en un territorio diverso y la necesidad de colaboración entre diferentes entidades.

Posesión y gestión de residuos: Los sistemas de RAP, cuando organizan la gestión de residuos de envases industriales, son considerados poseedores de los residuos a todos los efectos, lo que implica una responsabilidad directa en su gestión. Esto establece claramente la responsabilidad que recae sobre estos sistemas en cuanto a la correcta gestión de los residuos.

Acuerdos con poseedores finales de residuos: Existe la posibilidad de que los sistemas de RAP celebren acuerdos con los poseedores finales de los residuos para que estos últimos asuman la responsabilidad de la gestión de los residuos en nombre de los productores. Esto ofrece flexibilidad en la implementación de estrategias de gestión de residuos, permitiendo adaptarse a situaciones específicas y posiblemente mejorar la eficiencia en la gestión de los residuos.

En resumen, el Artículo 42 enfatiza la responsabilidad de los sistemas de RAP en la gestión efectiva y sostenible de los residuos de envases industriales, estableciendo objetivos claros de reciclaje y recogida separada, y delineando procedimientos para la medición y corrección de datos. Este enfoque refleja un compromiso con la mejora continua en la gestión de residuos, la transparencia y la adaptabilidad en las estrategias de gestión para cumplir con los objetivos ambientales.

CONVENIOS CON LAS ADMINISTRACIONES PÚBLICAS

(Art.33 RD 1055/2022)

"Artículo 33. Convenios de las administraciones públicas con los sistemas de responsabilidad ampliada del productor en materia de envases domésticos.

1. Cuando las administraciones públicas intervengan en la organización de la gestión de los residuos conforme a lo establecido en la autorización de los sistemas de responsabilidad ampliada del productor, dichos sistemas deberán celebrar convenios con las administraciones públicas, para determinar la financiación y en su caso, la organización de la gestión de los residuos procedentes de sus productos, con el contenido mínimo previsto en el anexo X.

En lo que respecta a la organización, en los convenios se delimitará si la entidad local lleva a cabo la organización total o parcial de la gestión de los residuos conforme a lo establecido en el artículo 32.1, o en su defecto, es llevada a cabo por el propio sistema, incluyendo la previsión de utilización de espacios públicos, y sus condiciones de uso.

En este último caso, el sistema de responsabilidad ampliada del producto deberá asumir a través de gestores de residuos con los que haya celebrado acuerdos, las operaciones de gestión de los residuos de envases, incluyendo su recogida separada, transporte, clasificación y tratamiento, actuando el sistema como poseedor del residuo.

En lo que respecta a la financiación, en los convenios se deberá recoger la financiación por parte de los sistemas de responsabilidad ampliada a las administraciones públicas que intervengan en la gestión de los residuos de envases, conforme a lo establecido en el artículo 34.

2. Los convenios mencionados en el apartado anterior se suscribirán:

a) Preferentemente, con la comunidad autónoma correspondiente, que garantizará la participación de las entidades locales en la negociación y en el seguimiento, o

b) Directamente con la entidad local, previo conocimiento y conformidad de la comunidad autónoma correspondiente.

3. Los convenios regulados en este artículo deberán estar suscritos en un plazo máximo de doce meses desde la autorización o comunicación.

En caso de desacuerdos entre las entidades locales o comunidades autónomas y los sistemas de responsabilidad ampliada del productor acerca de los contenidos del convenio en particular de los de carácter económico, los mismos se resolverán mediante el mecanismo de arbitraje descrito en el apartado siguiente.

Si surgieran indicios de una posible práctica contraria a la Ley 15/2007, de 3 de julio, de Defensa de la Competencia, la autoridad competente dará traslado de estos a la Comisión Nacional de los Mercados y la Competencia.

4. Los puntos en conflicto o los desacuerdos que se hayan producido durante el proceso de negociación de los referidos convenios se solucionarán mediante un laudo arbitral adoptado de acuerdo con las actuaciones y procedimientos establecidos en la Ley 60/2003, de 23 de diciembre, de Arbitraje y según las siguientes reglas específicas:

a) La entidad local o comunidad autónoma y el sistema de responsabilidad ampliada del productor suscribirán el correspondiente convenio arbitral en el que identificarán los puntos en conflicto.

b) El laudo arbitral determinará las condiciones de prestación de los servicios bien por parte de la entidad local o comunidad autónoma en su caso, o bien por el sistema de responsabilidad ampliada del productor. En el primer supuesto, el laudo establecerá la correspondiente compensación económica a abonar por el sistema bajo cualquiera de las dos fórmulas siguientes, a elegir por la entidad local o comunidad autónoma y teniendo en cuenta que, en todo caso, deberá quedar garantizado el cumplimiento de los objetivos de reciclaje y valorización en el ámbito territorial al que esté referido el laudo:

1.º Una cantidad fija y referida a todos los aspectos recogidos en el artículo 34.1 que será calculada de acuerdo con los criterios y parámetros establecidos en los anexos XI y XII y resultará aplicable durante la vigencia del convenio o en su defecto, durante un plazo máximo de cuatro años, si bien se revisará anualmente de acuerdo con los criterios que necesariamente se deberán establecer en el laudo arbitral.

2.º Una cantidad variable, determinada mediante la aplicación de uno o varios costes unitarios por tonelada de residuos de envases recuperada, según los aspectos recogidos en el artículo 34.1. Dicha cantidad será calculada de acuerdo con los criterios y parámetros establecidos en los anexos XI y XII y resultará aplicable durante la vigencia del convenio o en su defecto, durante un plazo máximo de cuatro años, si bien se revisará anualmente de acuerdo con los criterios que necesariamente se deberán establecer en el laudo arbitral.

En el segundo supuesto, el laudo establecerá las instrucciones de prestación del servicio por parte del sistema de responsabilidad ampliada del productor, así como la obligación de financiar todos los costes inherentes a dicha gestión por parte del sistema.

5. En el supuesto del apartado 2.a), si se establece que sean las comunidades autónomas las que reciban de los sistemas de responsabilidad ampliada del productor los importes regulados en el artículo 34, las comunidades autónomas transferirán a las entidades locales el importe de los costes en los que efectivamente hayan incurrido. Esta transferencia se realizará en el plazo fijado en el convenio, que en ningún caso será superior a un mes, contado desde la fecha de recepción de los citados importes.

6. El alcance del contenido de los convenios debe permitir cumplir con las obligaciones en materia de transparencia. Los convenios deberán publicarse íntegramente, incluyendo sus anexos técnicos y económicos, en los boletines oficiales de las comunidades autónomas y/o en su caso en el boletín oficial municipal correspondiente."

El Artículo 33 establece el marco para la colaboración entre administraciones públicas y sistemas de responsabilidad ampliada del productor (RAP) en la gestión de residuos de envases domésticos. Este artículo subraya la importancia de establecer convenios claros y estructurados que definan las responsabilidades, la organización y la financiación de la gestión de estos residuos. A continuación, se comentan los aspectos más relevantes del artículo:

Establecimiento de convenios: Se requiere que los sistemas de RAP celebren convenios con las administraciones públicas para determinar cómo se financiará y organizará la gestión de residuos. Esto refleja la necesidad de una colaboración estrecha entre el sector público y los productores para asegurar una gestión eficaz de los residuos de envases.

Organización de la gestión de residuos: Los convenios deben especificar si la entidad local gestionará la totalidad o parte de la gestión de residuos, o si esta responsabilidad recaerá en el propio sistema de RAP. Esta distinción es crucial para aclarar roles y responsabilidades, asegurando que todas las partes estén alineadas en sus esfuerzos por gestionar eficientemente los residuos.

Financiación de la gestión de residuos: Los convenios deben establecer la financiación por parte de los sistemas de RAP a las administraciones públicas involucradas en la gestión de los residuos de envases. Esto asegura que los costes asociados con la recogida, transporte, clasificación y tratamiento de los residuos sean cubiertos adecuadamente, promoviendo una gestión sostenible de los recursos.

Firma de convenios: Los convenios pueden ser firmados preferentemente con la comunidad autónoma correspondiente o directamente con la entidad local, siempre que haya conocimiento y conformidad por parte de la comunidad autónoma. Esta flexibilidad permite adaptar los acuerdos a las estructuras administrativas locales y regionales, facilitando la cooperación y coordinación.

Resolución de desacuerdos: En caso de desacuerdos, especialmente en asuntos económicos, se establece un mecanismo de arbitraje para resolver los conflictos. Esto proporciona un medio formal y estructurado para abordar y solucionar disputas, asegurando la continuidad y eficacia de la gestión de residuos.

Arbitraje y condiciones económicas: Los conflictos se resolverán mediante un laudo arbitral, que puede establecer una compensación económica fija o variable, garantizando así el cumplimiento de los objetivos de reciclaje y valorización. Este enfoque asegura que se mantengan los incentivos para una gestión eficiente de residuos, al mismo tiempo que se proporciona flexibilidad en la compensación económica.

Transparencia y publicación de convenios: Los convenios, incluyendo sus anexos técnicos y económicos, deben publicarse en los boletines oficiales pertinentes, asegurando la transparencia y el acceso público a la información. Esto refuerza la rendición de cuentas de las partes involucradas y promueve la confianza en el sistema de gestión de residuos.

En resumen, el Artículo 33 enfatiza la colaboración entre administraciones públicas y sistemas de RAP en la gestión de residuos de envases domésticos, estableciendo un marco claro para la organización, financiación y resolución de conflictos. Este enfoque colaborativo es esencial para lograr una gestión eficaz y sostenible de los residuos, alineando los intereses y capacidades de las diversas partes involucradas.

5. Cambios en los Costes RAP

(Art. 34 RD 1055/22)

" Artículo 34. Financiación de las operaciones de gestión de los residuos de envases domésticos.

1. Los sistemas de responsabilidad ampliada del productor en materia de envases domésticos financiarán todos los costes que las entidades locales, o en su caso, las comunidades autónomas, tengan efectivamente que soportar por la gestión de los residuos de envases de los productos puestos en el mercado por los productores a través de dichos sistemas, en los términos referidos en el artículo 23.4. El importe a abonar a las entidades locales en concepto de esos costes será destinado por éstas a la gestión de los residuos de envases en los términos establecidos en el correspondiente convenio.

En todo caso, estos costes incluirán, además del importe de la amortización y de la carga financiera de la inversión que se haya realizado o sea necesaria realizar en material móvil y en infraestructuras para la gestión de los residuos de envases, los derivados de los conceptos siguientes:

a) Para los residuos de envases recogidos separadamente:

1.º Coste de la recogida y transporte de los residuos de envases a planta de selección y clasificación o, en su caso, a planta de reciclaje o valorización, incluidos, en su caso, los costes derivados de la utilización de centros de recogida, puntos limpios o estaciones de transferencia.

2.º Coste relativo a la separación y clasificación de los residuos de envases procedentes de la recogida separada.

3.º Coste de transporte de los residuos de envases contenidos en los rechazos de las plantas de selección y clasificación a planta de incineración o coincineración de residuos o, en su caso, a vertedero.

4.º Coste de transporte y coste neto del tratamiento de los residuos de envases separados y clasificados entregados a un gestor para su reciclado o valorización diferente a la contemplada en el apartado siguiente, en su caso.

5.º Coste neto del tratamiento de los residuos de envases en instalaciones de incineración o coincineración de residuos autorizadas, que hayan sido clasificados o estén contenidos en los rechazos procedentes de las plantas de selección y clasificación. Se entenderá por coste neto el del tratamiento propiamente dicho, menos el valor económico de la energía eléctrica producida imputable a los residuos de envases incinerados.

6.º Coste del depósito en vertederos autorizados de los residuos de envases contenidos en los rechazos procedentes de las plantas de selección y clasificación.

En el caso de los residuos de envases recogidos separadamente de forma conjunta con otros residuos no envases de los mismos materiales, la financiación estará referida a la parte alícuota que representen los residuos de envases, la cual se determinará a partir de caracterizaciones de estas fracciones.

b) Al objeto de cumplir con lo dispuesto en el artículo 10.2, para los residuos de envases recuperados de la fracción resto, de la fracción inorgánica de los sistemas húmedo-seco cuando no aplique la excepción prevista en el artículo 25.6 de la Ley 7/2022, de 8 de abril, y de la limpieza de vías públicas, zonas verdes, áreas recreativas y playas:

1.º Si se alcanzan los objetivos de recogida separada a nivel autonómico establecidos en el artículo 29.2, y respecto de los residuos de envases efectivamente recuperados, el sistema deberá financiar el 50 % del:

– Coste de la recogida y transporte de los residuos de envases hasta la entrada en una instalación para su separación y clasificación.

– Coste relativo a la separación y clasificación de los residuos de envases.

– Coste neto de la gestión de los residuos de envases separados y clasificados entregados a un gestor para su reciclado o valorización material.

– Coste de transporte y coste neto del tratamiento en instalaciones de incineración o coincineración, de aquellos residuos de envases metálicos que sean recuperados de las escorias de las plantas de incineración o coincineración de residuos, y entregados a un recuperador o reciclador. Se entenderá por coste neto el del tratamiento propiamente dicho menos el valor económico asociado a los residuos de envases metálicos recuperados.

2.º Si no se alcanzan los objetivos de recogida separada a nivel autonómico establecidos en el artículo 29.2, el sistema deberá financiar, respecto de los envases efectivamente recuperados:

– La totalidad de los costes mencionados en el apartado 1.º para todas las fracciones de materiales objeto del ámbito de actuación del sistema, en el caso de que se produzca el incumplimiento del objetivo global de recogida separada, independientemente de que se cumplan uno o varios de los objetivos específicos de recogida separada por materiales.

– La totalidad de los costes mencionados en el apartado 1.º asociados a la fracción de residuos de envases que incumpla el objetivo específico de recogida separada para ese material aun cumpliendo el objetivo global de recogida separada.

Para los sistemas de responsabilidad ampliada del productor constituidos para un único material se tendrá en cuenta el objetivo específico para dicho material cuando este sea superior al objetivo global. En caso de que el objetivo específico sea inferior al objetivo global, se tendrá en cuenta únicamente el objetivo global de recogida separada.

De los ingresos recibidos, las entidades locales o, en su caso, las comunidades autónomas, deberán destinar al menos el 50 % a financiar acciones orientadas a alcanzar los objetivos de recogida separada establecidos en el artículo 29.2.

c) Costes de información al consumidor o poseedor final de los residuos de envases sobre medidas de prevención de residuos de envases y del abandono de basura dispersa, sistemas de devolución y recogida, así como de las campañas de concienciación e información en materia de prevención, correcta recogida y gestión de los residuos de envases o cualquier otra medida para incentivar la entrega en los sistemas de recogida separada existentes.

Se incluyen los costes de las campañas desarrolladas por las administraciones públicas para estimular la participación ciudadana necesaria para alcanzar los objetivos definidos en este real decreto, teniendo en cuenta la población generadora o de hecho, conforme al número y cuantía que se establezca en el correspondiente convenio.

d) Gastos en que incurran las entidades locales o, en su caso, las comunidades autónomas, cuando así se acuerde en el convenio, por el control y seguimiento de la gestión de los residuos de envases, incluyendo el coste relativo a las caracterizaciones.

e) Gastos en que incurran las entidades locales o las comunidades autónomas para la elaboración de estadísticas de generación y gestión de los residuos de envases.

2. Los sistemas de responsabilidad ampliada del productor deberán financiar el traslado de los residuos de envases desde las comunidades autónomas de las Illes Balears y de Canarias y desde las ciudades de Ceuta y Melilla a la península y entre las islas, cuando no sea posible su tratamiento en los lugares de origen, de forma que dicho traslado se realice a coste cero para las administraciones públicas.

3. Además de las contribuciones financieras previstas en los apartados anteriores, y respecto a los envases que se enumeran en el apartado 1 de la parte F del anexo IV de la Ley 7/2022, de 8 de abril, los sistemas deberán sufragar los costes de:

a) Las medidas de concienciación a que se refiere el artículo 50.3.

b) La recogida de los residuos de los productos desechados en los sistemas públicos de recogida, incluida la infraestructura y su funcionamiento, y el posterior transporte y tratamiento de los residuos. Para estos envases se deberá financiar la totalidad de los costes ocasionados en los términos referidos en el artículo 23.4, independientemente del cumplimiento de los objetivos de recogida separada del artículo 29.2.

c) La limpieza de los vertidos de basura dispersa generada por dichos productos y de su posterior transporte y tratamiento cuando dicha limpieza sea llevada a cabo regularmente por las autoridades públicas o en nombre de éstas conforme a lo previsto en el artículo 60.4 de la Ley 7/2022, de 8 de abril.

4. Los costes específicos de la gestión de los residuos de envases recogidos a través del circuito de gestión de residuos de competencia local se determinarán de acuerdo con los criterios del anexo XI y con las especificaciones establecidas en el anexo XII.

Las entidades locales o las comunidades autónomas podrán realizar actuaciones no previstas en el anexo XI, o efectuarlas más allá de lo establecido en el anexo XII, sin que los sistemas de responsabilidad ampliada del productor estén obligados a su financiación.

5. Las entidades locales o las comunidades autónomas podrán proponer a los sistemas de responsabilidad ampliada del productor la realización de experiencias piloto en sus territorios en condiciones distintas a las establecidas en los anexos XI y XII. Estas propuestas deberán ser motivadas y en ellas se establecerán una duración y unos objetivos bien determinados. Estas experiencias piloto podrán ser contempladas en los convenios acordados entre las comunidades autónomas, las entidades locales y los sistemas de responsabilidad ampliada del productor.

6. Cuando la gestión de los residuos de envases no se lleve a cabo con la participación directa de una entidad local o comunidad autónoma, el sistema de responsabilidad ampliada del productor correspondiente financiará todos los costes inherentes a dicha gestión, en particular los de la recogida, transporte, selección y clasificación, tratamiento posterior, incluyendo en su caso la parte del coste del impuesto sobre el depósito de residuos en vertedero, la incineración y la coincineración de residuos, correspondiente a los envases. Asimismo, se incluirá el importe de la amortización y de la carga financiera de la inversión que sea necesaria realizar en material móvil y en infraestructuras,

y se tendrán en cuenta los ingresos por venta de materiales de los residuos de envases recuperados."

El Artículo 34 aborda la financiación de la gestión de residuos de envases domésticos por parte de los sistemas de responsabilidad ampliada del productor (RAP). Establece que estos sistemas deben cubrir todos los costes asociados con la gestión de estos residuos, incluyendo la recogida, transporte, clasificación, tratamiento y, en su caso, el depósito final. Este enfoque garantiza que los productores, a través de sus sistemas RAP, asuman la responsabilidad financiera del impacto ambiental de sus productos. A continuación, se desglosan y comentan los puntos clave:

Cobertura de costes: Los sistemas RAP deben financiar todos los costes que las entidades locales o comunidades autónomas incurran en la gestión de residuos de envases. Esto incluye tanto las operaciones directas de gestión de residuos como las inversiones en infraestructura necesarias para dicha gestión. Este requisito asegura que los productores, a través de los sistemas RAP, internalicen los costes medioambientales de sus productos, incentivando prácticas de producción más sostenibles.

Detalles de la financiación: El artículo especifica con detalle los diferentes tipos de costes que deben ser cubiertos, incluyendo la recogida y transporte de residuos, su clasificación y separación, así como los costes asociados al tratamiento final, ya sea reciclaje, valorización, incineración o depósito en vertederos. Esta especificidad ayuda a asegurar que todos los aspectos de la gestión de residuos sean adecuadamente financiados, promoviendo una gestión eficiente y sostenible.

Financiación de la recogida de residuos mixtos: Cuando los residuos de envases se recogen de forma mixta con otros tipos de residuos, la financiación por parte de los sistemas RAP se ajustará para reflejar únicamente la proporción correspondiente a los residuos de envases. Esto reconoce la realidad práctica de la recogida de residuos y busca una solución equitativa para financiar la gestión de los residuos de envases.

Incentivos para alcanzar objetivos de recogida separada: El artículo establece que si se alcanzan los objetivos de recogida separada, los sistemas RAP deben financiar un porcentaje de los costes de gestión de residuos recuperados de fracciones mixtas o de limpieza pública. Esto incentiva a los sistemas RAP a contribuir al cumplimiento de los objetivos de recogida y reciclaje, mejorando la eficiencia general del sistema de gestión de residuos.

Responsabilidad por los costes de traslado de residuos: Los sistemas RAP también deben cubrir los costes de traslado de residuos desde regiones insulares o ciudades autónomas a la península, asegurando que la gestión de residuos en estas regiones no suponga una carga adicional para las administraciones locales.

Financiación adicional para ciertos envases: Se establece una responsabilidad adicional de financiación para los envases que requieran medidas específicas de concienciación, recogida o limpieza debido a su impacto ambiental particular.

Experiencias piloto: Las entidades locales y comunidades autónomas pueden proponer experiencias piloto para la gestión de residuos bajo condiciones distintas a los estándares, lo cual permite la innovación y adaptación a necesidades locales específicas, siempre que estas propuestas sean motivadas y acordadas con los sistemas RAP.

En resumen, el Artículo 34 refuerza el principio de responsabilidad ampliada del productor, asegurando que los productores, a través de los sistemas RAP, financien integralmente la gestión de los residuos de envases domésticos. Esta estructura financiera busca promover un enfoque más sostenible en la producción y el consumo, incentivando la reducción de residuos, el reciclaje y otras formas de gestión de residuos ambientalmente responsables.

RESUMEN

El contenido proporcionado detalla las obligaciones y responsabilidades asociadas con la gestión de residuos de envases en España, según lo establecido en diversas disposiciones del Real Decreto 1055/2022. Este marco legal se centra en el principio de responsabilidad ampliada del productor (RAP), el cual asigna a los productores la responsabilidad de la recolección, reciclaje y adecuada disposición final de los envases y residuos de envases. Los puntos clave incluyen:

1. **Recogida Separada (Art. 29)**: Establece objetivos mínimos para la recogida separada de residuos de envases domésticos, tanto de forma global como por material específico, con metas escalonadas para 2025, 2030 y 2035.

2. **Reciclado (Art. 10)**: Define metas de reciclaje para diferentes materiales de envases para 2025 y 2030, promoviendo así la recuperación y reutilización de recursos.

3. **Nuevo Punto de Medición**: Introduce un cambio en el punto de medición en el proceso de reciclado para evitar pérdidas, conforme a la Directiva 2018/852 y la Ley 7/2022.

4. **Combinación y Cambio de Sistemas RAP**: Regula la combinación de sistemas RAP para envases de un solo uso y establece procedimientos para los cambios de sistema por parte de los productores.

5. **Obligaciones Financieras de la RAP (Art. 28, 35, 41)**: Señala que los productores deben financiar la gestión de sus residuos de envases, ya sea de forma individual o colectiva, a través de sistemas RAP.

6. **Convenios con Administraciones Públicas (Art. 33)**: Requiere que los sistemas RAP celebren convenios con administraciones públicas para definir la financiación y organización de la gestión de residuos, incluyendo un mecanismo de arbitraje para resolver desacuerdos.

7. **Cambios en los Costes RAP (Art. 34)**: Detalla la obligación de los sistemas RAP de financiar todos los costes asociados con la gestión de

residuos de envases domésticos, incluidos los de recogida, transporte, tratamiento y limpieza de basura dispersa.

El conjunto de estos artículos y disposiciones tiene como objetivo fortalecer la gestión de residuos de envases en España, promoviendo la sostenibilidad, el reciclaje y la economía circular, y estableciendo un sistema de responsabilidades claras y estructuradas para los productores y sistemas RAP, en colaboración con las entidades locales y comunidades autónomas.

Glosario

Ciudadanía

Según la Real Academia de la Lengua Española, la ciudadanía sería la "cualidad y derecho de ciudadano, conjunto de los ciudadanos de un pueblo o nación y el comportamiento propio de un buen ciudadano (...) habitante de las ciudades antiguas o de Estados modernos como sujeto de derechos políticos y que interviene, ejercitándolos, en el gobierno del país". La Declaración de los Derechos Humanos de 1948 establece en su artículo 1 que "todos los seres humanos nacen libres e iguales en dignidad y derechos". Los derechos son inalienables de los seres humanos. La ciudadanía es el status jurídico y político mediante el cual se reconocen unos derechos y unos deberes. En el caso de las mujeres se habla de ciudadanía de segunda categoría, ya que no hemos accedido a todos los derechos civiles, sociales y políticos, pero cumplimos más obligaciones.

Condición

Estado material de cada sexo en función de su posesión de bienes básicos que cubran sus necesidades prácticas como vivienda, alimentos, renta, etc.

Deconstrucción

Acción fundamental de la Teoría de Género por la que se desmontan significados sexistas para convertirlos en conceptos más igualitarios.

Equidad

Existencia de igualdad de oportunidades y resultados entre diferentes grupos sociales, situación en la que tienen las mismas condiciones de acceso a un mismo punto de llegada y no existe desequilibrio de poder.

Feminismo

Corpus teórico y filosófico que se dota de argumentos para defender y reivindicar la no discriminación de las mujeres. (Elena Simón). Movimiento que exige para las mujeres iguales derechos que para los hombres. (RAE, Real Academia de la Lengua Española).

Hembrismo

Teoría basada en la superioridad de la hembra.

Identidad de Género

Asunción de una identidad diferenciada según consideremos pertenecer a la categoría de "masculino" o "femenino". La socialización diferencial provocará que nos identifiquemos más con los hombres o con las mujeres en función de que cumplamos la norma de lo que se su supone propio de nuestro género.

Se trata de una identidad colectiva que se construye en relación con el entorno, es subjetiva ya que los rasgos se definen culturalmente. Es el sentimiento de pertenencia a un género motivado por nuestra percepción de lo que es "masculino" y "femenino" (categorías construidas socialmente).

Machismo

Teoría basada en la superioridad del macho.

Necesidades estratégicas

Medidas encaminadas a cambiar la posición desigual de los géneros, estrategias a largo plazo para cambiar el papel de las mujeres más allá de simples mejoras parciales.

Ejemplo. Las medidas de conciliación de la vida familiar y laboral en las empresas facilitan que las mujeres puedan dedicar tiempo al cuidado. Mejoran su condición, porque pueden mantener el empleo, conservar el sueldo y disponer de más tiempo. Pero no son estratégicas porque no cambian su rol de cuidadoras, la situación de desigualdad que establece el prejuicio de que son ellas quienes deben dedicarse a la maternidad. Siguen en la misma posición social.

Estrategia para acabar con estereotipos, prejuicios y roles de género construyendo nuevos paradigmas.

Necesidades prácticas

Aquellas carencias de un grupo vulnerado u oprimido que debemos cubrir a corto plazo para garantizar su supervivencia. Cambia la condición, pero no la posición. No son la raíz del problema.

Perspectiva de género

Analizar la realidad teniendo en cuenta las diferencias y discriminaciones que produce la pertenencia al género femenino. Detectar las discriminaciones directas o indirectas producidas por el sexismo.

Posición

Situación de cada sexo en un sistema jerarquizado, la comparación entre el lugar social de mujeres y hombres. La valoración desigual de cada género otorga posiciones desiguales. Las mujeres han sido situadas en una posición de inferioridad con respecto a los hombres. A consecuencia de esta posición, la condición femenina es carecer de recursos.

Sexismo

Ideología que discrimina a uno de los dos sexos. Creencia de la superioridad de uno de ellos o de la posesión de valores diferenciados por el sexo biológico.

Denostación de uno de los géneros.

Sistema patriarcal

Estructura social jerárquica donde los hombres y sus supuestas atribuciones masculinas son intencionadamente situados por encima de las mujeres y de sus supuestos valores femeninos. El padre tiene el poder en la vida pública. Institucionaliza una serie de mecanismos de perpetuación de las relaciones de poder arraigadas durante varios siglos. Existen alianzas no explícitas entre los varones para mantener esta supremacía.

Sistema basado en reglas dicotómicas donde para que un grupo social tenga hegemonía, otro debe ser oprimido.

Para Kate Millet, autora de Política Sexual, sería una política universal estructurada ideológicamente sobre la base del dominio de los hombres sobre las mujeres. El sistema patriarcal ha definido una identidad de género “masculina” con potencialidades para dominar y una identidad de género “femenina” con potencialidades para ser sumisa.

Violencia de género

Violencia ejercida contra un género por el simple hecho de pertenecer a él. Se trata de la violencia contra las mujeres, ya que debe haber un desequilibrio de poder que sitúe a un sexo en posición de poder someter al otro. Puesto que el motivo es ser mujer, potencialmente es una violencia que no afecta sólo a una persona, sino a todo un género. Cualquier discriminación contra las mujeres o cualquier acto o amenaza que perjudique su salud psíquica o física.